最高级的能力，就是做自己

魏萘卿 著

浙江大学出版社

○ 自　序 ○

致，过去、现在以及未来的自己

你曾经有过这样的时刻吗？现在的你跟多年前的自己，在内心进行了一场跨时空对话。

我有过。那是一个参加完心理治疗与心理卫生联合会会议的午后，当我开车顺道行经大学时期的租屋处一带，望着熟悉的街景本该心生怀旧，情绪却忍不住一阵翻腾。

我落下了眼泪。泪眼婆娑间，仿佛看见了十多年前的自己——她，一个来自台南的女孩，为了求学，栖身在台北这个繁华大都市，毕业后开始求职，也总是凭着一股不服输的傻劲，奋力地在异乡谋生存。

落泪，是因为心疼。我心疼她曾经因为租房纠纷，被傲慢女房东大声羞辱："谁叫你们家在台北没房子？"当时纵使满腹委屈也只能默默往肚里吞，因为对方说的话的确是事实，她在台北本来就没有家，处境犹如失根的浮萍。

落泪，也是因为佩服。我佩服她初入社会那几年，三天两头就被公司主管飙骂，却依旧咬着牙关撑下来，还练就了一身扎实的写作功底，让现在从事文字创作跟出版工作的我，如虎添翼。

怀抱着这样的激动心情，返家后，我提笔写了一封信给十年前的自己，谢谢她当年的努力以及选择不放弃，方才一步步成就现在的我；接着又写了一封信给十年后的自己，承诺她，为了收获更具丰盛意义的人生，此刻的我一样会秉持积极向上的精神，在新的专业领域开疆辟土。

写完信以后，一股更深的触动涌上心头，那个

当下我才觉察到,原来在追求梦想的路上我从来都不孤单,因为一直有"她们(指过去和未来的自己)"的鼓励和陪伴。而想一想也是,在人生的接力赛中,我们是一个 team(团队),队友们理应互相加油打气,无论是在过去、现在,还是未来。

撰写《最高级的能力,就是做自己》(台版书名《做自己的勇气:35 岁以前一定要成为的 5 种自己》)这本书,正是出于这样的心情。我总认为,35 岁是一个很微妙的年纪,感觉像是处在第二个起跑点,左右着人生下半场的命运,值得每个人停下脚步来自我检视一番,问问自己:"截至目前,我对自己的人生满意吗?"以及"如果可以,希望未来通往哪里?"更重要的是,"什么才是我真心认为,值得用一生去追求跟体现的价值呢?"

从生理年龄来说,35 岁之后,身体机能开始走下坡,但就心理发展而言,却是一个人迈向整合和自我实现的关键起点,知名瑞士心理学家荣格提出的"个体化历程(individuation process)",差不多就是落在 35 岁到 40 岁。至于我个人,这样的历程启动得更早,32 岁那年就正式揭开序幕,等到 35 岁来临的时候,手中已经握有更多筹码去建构人生下半场。也因此,才会建议大家最好在 35 岁以前,便着手为日后的生命转化做准备,提早展开"做自己"的练习,因为那真的并非一蹴而就。

个体化历程,一言以蔽之,就是个人从"社会化"到"去社会化"的过程。就荣格的论点来说,人的"自我"(ego)为了在社会中生存适应下来,自然而然会发展出人格面具(persona),只不过有得必有失,代价就是得压抑部分的本我(id);当个人在前半生完成自我与人格面具的发展任务,后半生的重点就会转移到内在整合,一片片拾回心灵碎片,活出一个真实且完整的自己。

不少人误以为,做自己就是变得自私、自我、自恋,抑或是罔顾他人的意见,实际上若是能依循荣格的论点来做自己,反而会让你更受欢迎,又不丧失自身的独特性。原因是,那个原先总是带着人格面具的你,在历经个体化蜕变之后,早已显出了真实迷人的样貌,偶尔表现出的自我感觉良好或一意

孤行,通常也是为了衷于内在真实,而非由人格面具在主导。

至于如何将抽象理论化为具体行动,付诸实践在日常的生活当中?本书综合归纳出的如何更好地做自己,便是基本且关键的心理发展指标。做自己,是一辈子的课题,我也正走在这条学习的道路上,与你共勉之!

01 专业是一部外挂的聚光灯

帮助你热衷学习，打造无敌竞争力

02 别害怕失败，更别畏惧成功

帮助你面对挫折，在逆境中变得更强大

05 相信命运永远有他的美意

帮助你看懂上天美意,一步步完成此生使命

01

专业是一部外挂的聚光灯

帮助你热衷学习，打造
无敌竞争力

◎ 生命的最佳战友，是自己 ◎

如果每个人都能提早跟自己建立战友关系，并且怀抱着一颗好奇的心来探索世界，那么三十几岁之后的人生，将会多么有趣啊！

很多人应该都有过类似的体会，就是被问到如果世界末日即将来临，或是人生只剩最后几天的话，最想做的是什么事情？不过，现在让我们把问题修正一下，改问：迈入35岁之际，你最想为自己勇敢去做或冒险去做的事情是什么？

请不要只提出像是跟某人相恋结婚这一类的答案。决定跟某人携手共度一生，的确需要很大的勇气，但如果感情生活就足以涵盖人生的全部，那么也就没有所谓的生涯规划，或是自我定位的问题了。

这里试图讨论的勇敢，本质是指向个人的内在力量，关注的重点在于"自己对自己的信任"。问得更直接一点，三十几岁的你，是否已经具备成为自己战友的勇气和能力？

用好奇心，探索不同的生命风景

有天，我和一位女性友人在一家小餐馆吃饭，原本安静的用餐环境，因为几位新进客人而变得有些喧闹。

其中一位中年女性是这里的常客，这天正好到附近泡温泉，便邀请其他友人一同前来，为了表现出地主般的待客之道，她一坐下来就滔滔不绝地介绍餐馆招牌菜，点完菜，向老板要求播放他攀爬高山时拍的影片。

"我跟你们说，不要看老板这样子，竟然可以爬上海拔三千多米的山顶，去看上面的湖，真的很厉害！"话匣子一开，这位女性就不断称赞老板，还问了一些像是"山屋住起来会不

会很恐怖？在山上有没有办法洗澡?"以及一些关于吃喝拉撒睡的问题,最后下了一个结论,说:"好羡慕老板可以亲眼看到那个湖,我也好想去爬,但都没办法……"

一边做菜一边听着炮珠似的问题,老板终于沉不住气,响应她说:"还好吧! 除非你是患有高山症,不然哪有什么做不到。"老板以自身为例,"像我,之前是一个连跑步都有困难的人,现在却练到可以去爬那么高的山,其实就是看你有没有那个决心。"

我在一旁默默听着,同时想起了一部美国电影 *The Bucket List*,中国台湾地区翻译为《一路玩到挂》。剧情内容讲述了机修工人卡特跟亿万富翁爱德华两人因为罹患癌症,住进同一间病房后的故事,虽然身份地位相差悬殊,但出于同在生命末期的惺惺相惜,两个人协议列出一张愿望清单,利用最后生命时光逐一完成想做的事情,包含环游世界。

第一站,是高空跳伞。在他们两人从高空快速往下坠的过程中,爱德华痛快地喊出:"这才叫活着!"反倒是卡特,因为降落过程中的恐惧,气得直骂:"我讨厌你那该死的胆量!"

气归气,后续两人还是开心前往非洲坦桑尼亚大草原打猎;一度尝试攀登世界海拔最高的喜马拉雅山,最后受限于天气原因才不得不作罢。印象中，最令人触动的一幕是，两个人坐在埃及金字塔顶端，卡特问了爱德华两个问题："你在生命中有没有找到喜悦？"以及"你的生命中有没有为别人带来喜悦？"

依稀记得，多年前观看这部电影的当下，最有感觉的片段是卡特提出的这两个问题。时过境迁，当我慢慢找到生命喜悦，也有能力为他人带来喜悦的时候，再度回顾剧中情节，焦点已经转移到两位癌症末期主角积极圆梦的精神。同时我也在想，如果每个人都能提早跟自己建立战友关系，并且怀抱着一颗好奇的心来探索世界，那么三十几岁之后的人生，将会多么有趣啊！

跟内心真正的想法站在一起

如何跟自己建立战友关系？很关键的一点是，必要的时候，你能不能跟内心真正的想法站在同一边，挺身捍卫真正渴望的人生？

我很认同心理学所教导的一个概念，叫作矫正性的情绪经验（corrective emotional experience），其内涵简单来说，

就是创造一个正向的情绪经验，来取代旧有的负向情绪
经验。

比方说，一个从小表现出脆弱就会被遭受指责的人，通
常在长大之后，也会变得难以接纳自己的脆弱情绪，此时若
能遇到一个愿意同理和接纳他的人（例如心理咨询师），他往
后再度面对低潮情绪，态度也会变得比较正向，若是心理师
引导得当，甚至可以协助他从脆弱中生出茁壮的力量。

同样的概念也很适用于解释人生。以稍早提到的那位
餐馆老板来说，原本连在平地跑步都有困难的他，起初哪敢
妄想能够爬山，而且挑战的还是一座连专业登山客都不敢轻
易尝试的山头。但后来，借由一次次练习所累积的正向经
验，他才慢慢改写自我观感，相信自己绝对可以做到，最后也
真的让他攻顶成功。

或许这也正是为什么，当餐馆老板听到那名女性朋友频
频表达欣羡，却又推说自己能力不足、体力不行时，选择当着
大家的面，直接挑战她的退缩观点，但真正的目的，还是希望
可以激励她一圆登山梦，看见更多、更美的风景。

如果可以，请勇于探索人生吧！若不想要人生总是一成
不变，那就多为自己创造一些正向情绪经验，像是实践一个

具有挑战性的目标，无论最终的结果如何，那个跟自己并肩作战的过程，都足以让你建立起对自己的信任，进而生出无懈可击的内在力量。

不要小看那股逐渐壮大的内在力量，那可能是在日后，将你推向人生高峰的核心爆发力喔！

○ 专业是一部外挂的聚光灯 ○

想打造独特的职场竞争力？那就赶
紧找出自身的专业亮点吧！

曾经有一项网络调查指出，台湾人的十大生活焦虑当
中，排名第一的是"担心台湾经济前景"，第二则是"怀才不
遇，怨叹没有得到赏识"，其余八项焦虑也不脱个人的职业生
涯跟感情等层面。

不难想见，这样的调查结果势必正中许多工作者的下
怀，以往还在职场打拼时，我也免不了会觉得自己被公司亏

待或被主管错待。等到心智更加成熟后才体认到，没有一家
公司或任何一个人应该为我的前途负责，想要拥有更大的发
挥舞台，那就自己去创造，创造之前，必须打造出个人的专业
亮点，甚至成为一个有特色的品牌。

一则网络流传的故事中提到，有一位怀才不遇的年轻
人，走到海边意图寻短，才刚跳进海里就被一名老渔夫给救
了起来。"你为什么要救我？"丧失求生意志的年轻人责怪老
渔夫，"我明明已经不想活了，你干吗硬要把我救上岸？"

"看你年纪轻轻才20岁出头，未来还充满很多可能性，
干吗想不开呢？"老渔夫不解。

被人这么一问，年轻人索性将过去一段时间遭遇的挫
折，一股脑儿地说给老渔夫听，还向其讨教解围之道。

"我都活到这把年纪了，确实是可以告诉你一些生存秘
诀，不过你得先答应我一件事。"老渔夫将手中拾起的一把沙
掷向前方，接着说，"你先把我刚刚掷出去的沙子捡回来。"

"那些沙子连认都认不出来了，怎么捡回来给你？根本
是在整人嘛！"年轻人气得把头别向一边。老渔夫不为所动，
缓缓地从口袋里掏出一颗珍珠，递到年轻人面前让他欣赏一
番，然后，咻，再往前方一丢。"这次换成把珍珠捡回来，你总

做得到了吧?"

担心昂贵的珍珠会被海水冲走,年轻人三步并作两步,马上将珍珠捡回来:"珍珠这么好认,捡回来就容易多了! 现在可以告诉我秘诀了吧?"年轻人迫不及待地问道。

老渔夫语带玄机地说:"年轻人,我刚刚已经用行动告诉你啦!"

看完这则小故事,知道老渔夫的秘诀是什么了吗? 谜底揭晓,所谓生存的秘诀就是:让自己变成一个有价值而且独特的人。

让我们将故事画面稍稍倒带一下。为什么老渔夫要先丢一把沙子呢? 其实是想让年轻人理解,之所以会在工作上遭逢那么多的挫败,是因为他就平凡得像沙子,缺乏辨识度。易言之,等到哪天年轻人学有专精,像珍珠一般闪耀,还怕别人会不重用他吗?

肯学习,沙子也能熬成耀眼珍珠

当一个人懂得不断精进,让自己从麻雀变凤凰,便如同蚌母利用自身分泌物质来包裹住沙子一般,经年累月之下,酝酿成一颗耀眼且价值不菲的珍珠，身价也因之三级跳。

画家毕加索（Pablo Picasso，1881—1973）就是一例。据传80岁那年，毕加索走在路上巧遇一位中年女画迷，对方开心极了，提出希望毕加索为她画一幅素描的请求，并表示愿意为此支付费用。

毕加索答应了。他在仔细端详女画迷的外貌后，花了15分钟的时间就宣告完成。看着偶像画笔下的自己，女画迷满意极了，但一听到必须支付的金额，当场愣在原地。"5000美元？"女画迷再度求证，"你才花了15分钟就完成的一幅素描画，就要价5000美元？"

"不是这样的，夫人，这幅画其实是花了我80年又15分钟的时间，"毕加索一脸认真地说。一幅仅用15分钟就画好的炭笔素描，就可以赚进这样的收入，大概是世界上投资报酬率最高的工作之一，难怪女画迷的反应那么惊讶。

然而常言道："台上十分钟，台下十年功。"毕加索向女画迷解释，他可是花了80年又15分钟的累积，方能用15分钟就完成那幅栩栩如生的素描画作，因为若没有过去的知识、技巧以及经验的累积，他何以能成为世人眼中的伟大画家。

实际上,古今中外普世皆然,看待大人物们发迹的成功故事,人们常喜欢把焦点放在他们的成就上,鲜少注意他们过程中所付出的代价。但天下没有白吃的午餐,就算有也肯定吃不了多久。想打造独特的职场竞争力?那就赶紧找出自身的专业亮点吧!

◦ 人格特质擦亮你的个人品牌 ◦

纵使探索的过程中,有幸遇到可以
为你引领未来出路的人,也要先懂得突
显自身特质,方能赢得对方的青睐。

很多人在换过一家又一家的公司后才发现,想找到一个
充分发挥自身优势的行业,跟打着灯笼寻找灵魂伴侣一样,
可遇不可求,甚至可能终其一生都未必碰得上。然而在我看
来,找到适合自己的职业远比灵魂伴侣容易多了,因为后者
攸关两个人的相处频率,前者却是一个人就可以搞定的事。

不过，话虽如此，发现自己适合职业的前提也是自己必须够努力。努力自我探索，同时愿意付出必要的追求代价，比如暂时的经济匮乏和寂寞孤单。纵使探索的过程中，有幸遇到可以为你引领未来出路的人，也要先懂得突显自身特质，方能赢得对方的青睐。

假设一下，当你身为一个创意十足的家具设计师，有两块木头可供选择：一块是珍贵的桧木，一块是普通的木头。二选一的情况下，你会花时间去雕琢哪一块呢？当然是桧木。同样地，贵人之所以愿意助你一臂之力，除非有裙带关系或利益结构，不然就是"闻"到你身上散发出的馨香之气，亦即看见你所具备的潜力，才会愿意花时间细细雕琢你，最终使你成为一件出色的艺术品。

一位年仅 30 岁就被任命为美国副市长的华裔女子，曾经出书公开分享成功之道。令我印象最深刻的一篇文章，是她在卸任副市长之前和猎头公司主管的一段对话，当她告诉对方想重返房地产业的想法时，却引来质疑。

"你确定吗？"对方接着说道，"现在外界都很关注你卸任后的动态，你的下一个职业生涯只许成功不许失败，不然可是会给人看笑话喔！"

女子不解，心想自己投入政坛之前就已经是房地产开发商，重操旧业理应游刃有余，甚至可能很快就可以在业界"窜"起，为什么猎头主管反而有所质疑呢？对方娓娓道出心中的想法："你是一个很好的开发商，但业界不乏更厉害的人，所以你应当专注在真正的强项上，才有机会一举得胜。"

猎头主管接着说："认识你这么久，我看到你的真正强项就是与各种阶层的人们沟通，不仅如此，你还有一颗很宽厚的心，总是能随时看到他人的需要，并且将相关的资源联结起来。"

在对方的盛情邀请下，几个月后，女子决定加入猎头公司行列，成为一名挑选千里马的伯乐，专门协助各大企业寻找高阶经理人。女子的职业生涯再创高峰，一路走来的奋斗故事，及其独特的人生观，也全被收录在个人传记当中，上市后广受好评！

沟通力、整合力、同理心，皆是"A＋技能"

对于猎头行业稍有概念的人就知道，他们的角色等同公

司的人资主管,挑选人才的眼光非常精准。高阶经理人的年薪通常动辄数百万,同时又肩负企业要职,若是不小心选错了人,势必影响到公司运作,不可不慎。

更何况,想要赢得高阶经理人这样的职位,杰出的专业能力只是基本配备,人格特质才是真正的加分重点。而这也正是故事中的华裔女子,当初会被聘为副市长,后来又被猎头公司重金挖脚的原因,就是她具备了专业能力以外的资源整合力,她称之为个人的"A+技能"。

我也有过一段类似的经验。23岁,成为记者第二年,为了响应六月毕业潮,必须采访各大企业的人资主管,请他们谈谈征才标准,以及当前的职场现状。配合采访路线的分配,我负责采访的是一家五星级饭店的人资主管,可想而知,那肯定不是简单人物,在联系多天未果,留言给下属也毫无回音的情况下,我只好冒昧登门拜访,看能不能当面用诚意打动她,以便完成采访任务。

那家五星级饭店的人资主管,是一位年约40岁的女性,身穿利落的黑色套装。原先我还有些担心突然造访会使对方不悦,结果却不然。她非但没生气,还以极为敬佩的口吻夸赞我说:"哇!你真的是一个很积极的记者,竟然没有因为用电话联系不到我就放弃，还直接跑过来，像你这样的人才太难得了，我看人一向很准，我敢保证以后你一定会成功……"

转眼之间，十多年过去了，现在的我是否符合她所谓的成功定义，早已无从得知。反倒是"积极不放弃"这项人格特质，确实为我带来了不少实质效益，像是在电视台跑新闻的那些年就采访到不少独家新闻，32 岁转换职业生涯跑道时，也是这样的个性支撑着我在黑暗中前进，直到曙光出现。

从这样的个人经验出发，让我更加理解，为什么那位当过美国副市长的女子会把"与人沟通""看见别人需要""有效联结资源"等特质，视为自己专业能力以外的"A＋技能"，因为那些才是真正让一个人脱颖而出的关键。

若是现在的你，正苦于对自己的认识很有限，那就找时间问问那些跟你有着不同交集的友人，例如在职场共事的友人、求学时期的友人、一起旅行的友人……他们的看法将有助于增加你对自己的了解，只不过要切记别把内容照单全收，这个探问的过程，目的是为了促进了解而非收集外在评价，因为他们各自看到的也只是某一个面向的你，并非整体。

　　等到对自己的认识越来越多的时候，便可针对某些特质进行重点培养，让那些特质成为个人品牌内涵的一环，进而强化他人对你的信任和认同。不要怀疑！只要能够做到这一点，假以时日，你的竞争力势必会增强。

○ 格局是成就的器皿，越大装越多 ○

只要不断地努力扩大生命格局，未来可承载的成就收获，势必会越来越多。

不知道从什么时候开始，在网络搜索引擎输入"大学生失业率"这个关键词，竟然跳出了某百科网站对"高学历难民"一词的介绍，还名列在搜寻结果的前三行，让人不注意都不行。另外，只要一到台湾的选举季或毕业季，媒体报道或是乡民网站之类的平台，也会再度掀起高学历低起薪的讨论。

曾经看过一个留言表示,30 年前刚毕业的时候起薪是15000 新台币(约 3285 元人民币),而今普遍起薪是 22000 新台币(约 4819 元人民币),不仅数字上没提高多少,若一并把物价膨胀因素考虑进去,当今起薪恐怕还比以前低,也难怪现在的年轻人会满肚子怨气,毕竟薪水高低可是攸关到生存问题啊!

然而如果 22000 新台币的起薪水平已然成为大环境的现实,身为职场新人或是已经三十好几的你,可以做些什么来扭转劣势呢?我认为与其坐以待毙,不如积极思考如何扩大生命容器,先培养自己承接重责大任的能耐,薪资报酬才有机会跟着水涨船高,不然下场可能就会跟接下来这个故事中的年轻钓客一样。

有位退休大老板闲来无事经常跑到海边钓鱼,这天,他看到一名年轻钓客把钓起来的鱼,小心翼翼地从钩子上取下之后又丢回到海里,这让他感到十分不解,便放下鱼竿,走到年轻钓客的旁边,问:"年轻人,钓一条鱼要花上不少时间等待,但我怎么看你连续几次下来,都把好不容易上钩的鱼给丢回海里呢?"

"您看我的桶子,"年轻钓客指了指一旁的水桶解释说,

"这个桶子的直径就只有那么大而已，放不下太大只的鱼，偏偏今天钓到的鱼都比较大只，只好把它们丢回海里。"

"啊！这样不是很可惜吗？"望着桶子里的几只小鱼，退休大老板说，"你要不要考虑换个大一点的桶子呢？"

年轻钓客一口回绝，说："不了，大一点的桶子价格比较贵，而且还要花时间到镇上去买，多麻烦啊！"

年轻钓客评估事情的逻辑，让退休大老板有些无言，心想，既然对方本身都不在意，他又何必苦口婆心呢！于是便回头走到自己的钓竿前，优哉等着一条条的大鱼上钩。

知识，是创意发想的基本盘

试想一下，如果你是故事中的那位年轻钓客，会怎么做？是无论路程多远都要跑去买个更大的桶子，还是将其他钓客求之不得的鲜美大鱼往海里丢呢？

这个故事最有意思的地方在于，它提醒了我们：想接收更多的赐福，必须先拓展自身的格局，否则再好的机会找上门，也可能会因为自己的无力承接而拱手让人，多可惜啊！

扩大生命格局其实并不难，方式也有很多种，像是发展

第二专长、学习第二语言，抑或是培养多元兴趣，以便为生涯预留更多可能性……但说到这里，不知道你有没有注意到，无论是采取什么方式来自我扩充，其实最终都脱离不了"多元学习"这个基本途径。

多元学习的目标，可以是为了取得更高的学位，也可以是单纯的知识累积。以前者来说，纵然失业的大学生一大票，但在讲究知识经济的时代，学历已是多数企业用来初审能力的指标，若是连应征门槛都达不到，哪来努力的起点呢？聪明如台湾"半导体教父"张忠谋，他也曾经公开表示，从24岁取得美国知名学府的硕士学位至今，超过半个世纪的工作生涯，从来没有停止过学习，而且"自己百分之九十九的知识，都是在毕业之后才学来的"。

更何况就当前社会形势而言，大学学历早已成为基本配备，想从一群应征者当中胜出，进而赢得工作机会，多了一个硕士或博士学位，势必有加分作用。但面对同样拥有高等学历的优秀人才呢？想从中脱颖而出的话，那么就得凭靠更多的创意表现了。

而透过多元学习来累积跨领域知识，另一个好处正是可以提升创意指数。曾经有研究指出，"发散性思考"跟"创意问题解决能力"，是学者在研究创造力历程时的两大重点，而"发散性思考"（divergent thinking），又是培养创意问题解决能力的前提，因而有些企业常会采用"发散性思考"测验筛选出合适的创意或科学人才。

另外，麦肯锡企管顾问公司主张的问题解决方法中，强调发散性的精神就是要打破框架，扩大思维广度。但问题来了，若是一个人的知识库非常有限，就算是打破了既定思考框架，依旧变不出新的把戏，因为脑子里缺乏可供创意发想的知识素材。

所以啰！正值人生冲刺阶段的你，除了努力工作、用力玩，别忘了也要找时间学习新东西，定时吸收一些新知识。如同上述故事传递的道理，桶子大小本身就已经决定了钓客可装载多少鱼，同理，只要不断地努力扩大生命格局，未来可承载的成就收获，势必会越来越多。

○ 铭印效应,激发惊人潜力 ○

> 慎选生命中的每个重要他人,以及
> 参与的学习系统,因为眼前所见的那些
> 人生样貌,很有可能就是你未来的生命
> 缩影。

你喜欢目前所身处的环境吗?你认同周遭围绕的那些
同事或朋友吗?

有句话说,"近朱者赤,近墨者黑",想要侧面了解一个人,
从他周围的环境便可见一斑。除非碍于现实考虑,否则基本

上，人们普遍都会选择一个与自己的能力、身份地位相匹配的环境，而同样地，环境也会反过来影响个人的发展格局。

想想看，一只小鹰若是打从孵出来见到世界的那一天，就是跟鸡群生活在一起，它如何在长大以后相信自己具有飞行的能力？当然不可能！人的心智成长原理也是一样，人说"父母的眼界就是孩子的世界"，无论是动物还是人类，从发展心理学的角度来说，皆会受到"铭印效应"（imprinting）的影响。

铭印效应这个概念的发现，是德国行为学家从小鹅的成长实验归纳而来的，之后再由另一名动物行为学家康拉德·洛兰兹（Konrad Lorenz，1903—1989）命名，指动物在出生后会特别认定第一眼看见的照顾者，并且追随模仿其各种生存行为。由此便不难理解，为何老鹰无法在鸡群当中学会飞翔了，因为在它的自我认同里，根本没有飞行这一项。

职场的选择也是一样。踏入社会的第一份工作，对个人而言是极为重要的职业生涯起步阶段，因此那时所看到的学习典范（role model），往往会左右你日后的专业格局。

我一直很庆幸担任正职记者工作的起点，是从一家训练严谨的杂志社开始的。虽然我曾经在书中提过，那段时

间我过得非常艰辛，却也因此得以跟一些优秀前辈共事。加上那家杂志社相当重视专业素养，除了引进新闻写作课程，还会依据记者路线的专业需求，全额补助我们去进修相关课程，训练过程非常扎实。

团体动力可唤醒内在能量

人称世界股神的沃伦·巴菲特（Warren E. Buffett），曾经在一场针对年轻人的演讲中，提供了八点职涯建议，其中一点就是提醒年轻人要"慎选角色典范"，也就是要正确选择个人的学习典范，结交比自己更优秀的人，才有机会往更好的方向发展。

除非是转换跑道，不然以三十几岁来说，早就不是什么社会新人，也过了铭印效应的阶段。但从另一个角度来说，现在的你拥有更多社会资源，职业选择空间也比刚毕业时来得大，当然更要慎选有利于成长的环境，以及优秀上进的共事伙伴。

慎选学习环境的考虑，除了在于优秀的人比较有机会成为你日后的贵人，还有一个很重要的动力因素是，跟优秀的人一起共事，也比较能够激发内在的成长动机。

不知道你是否注意过，自己在面对不同类型的朋友，呈现出来的人格面向也常会不太一样，你以为这是出于个人有意识的选择，实际上却是被"团体动力"激发的结果。

这种心理动力的交互影响过程，颇适合以打网球这件事来形容：当你对着一面墙打球，球路尚且简单，一旦变成真人实战，甚至进阶到四人双打的局面，球路可就变化多端且难以预测了，因为你的挥拍方式，往往会受到对方的出手技巧的影响。

基于这一点，对于那些只会激发出你负能量的人，最好还是敬而远之，尽量将心力专注在正能量的开发上，转换为实际的做法便是，慎选生命中的每个重要他人，以及参与的学习系统，因为眼前所见的那些人生样貌，很有可能就是你未来的生命缩影。

总而言之，如果渴望当一只展翅上腾的飞鹰，那就先找机会好好观摩一下，真正的鹰是怎么飞的吧！

02

别害怕失败，
更别畏惧成功

帮助你面对挫折，在
逆境中变得更强大

○ 让抱怨带你看见问题的症结点 ○

> 若是想拿回人生的主导权,遇到问
> 题就不能只停留在抱怨层次,而是要练
> 习迈向问题解决模式。

常言道,"做一行,怨一行"。相信许多职场工作者都会认可这句话,当然也可能包括二三十岁的你。然而从另一方面来说,你会在这个时候选择翻开这本书,显示已经多少意识到不能只是一味地抱怨下去,而是该身体力行实际做些什么改变了。

有位女子跟一群友人前往埃及旅游。为了参访一个位于山顶的知名景点，大伙儿必须在中途下车，改由骑乘骆驼的方式慢慢爬上山。第一次搭乘骆驼，加上天色昏暗，女子整个人吓坏了，一手抓着行李，一手抓着鞍上的木桩，生怕一不小心就被骆驼摔到地上去。

"真是的，"女子没好气地向友人抱怨，"没事干吗安排这个行程，还要骑乘骆驼，摇摇晃晃的，感觉好危险，坐起来又不舒服……"

友人对于女子的怨言，感到有些抱歉。当地导游见状，便示意要大伙儿先暂停前行，然后拿着手电筒照向骆驼背上的鞍具，温和地向女子解释："你看，鞍具上有挂行李的地方，不用自己紧抓着，而且骆驼走起路来虽然不太平稳，但依照过往的经验看来，也不至于会把人摔下去喔！"

听导游这么一说，女子才稍稍放下心中的大石头。当她尝试将行李挂到鞍具上，把空出来的双手用来握好木桩时，整个人开始变得放松许多，也因此得以欣赏起眼前的景致，尤其是天空。

"哇！"女子发出的赞叹声，吸引大伙儿跟着仰头望天，"你们看，天空布满了星星，好美喔！"大家抬头发现，天空宛

如一张洒满星钻的黑布,令人心生感动。她也因此由衷庆
幸,幸好有导游的细心提醒才及时发现,先前的执念是如何
蒙蔽了双眼。

从抱怨层次,提升至问题解决模式

借由故事中那位女子的反应,不妨花点时间思考一下,
自己是不是也常会被执念蒙住眼睛,以至于看不见事情的全
貌,甚至成天抱怨东、抱怨西,觉得问题都出在环境或别人的
身上呢?

人,多少都需要透过抱怨来释放压力。但若是想拿回人
生的主导权,遇到问题就不能只停留在抱怨层次,而是要练
习迈向问题解决模式——效法故事中的导游,拿着智慧的手
电筒照亮眼前的局面,才有机会进一步发现"问题背后的问
题",或是探见那个你正在抱怨的处境,所隐含的正向启发或
意义。

这种勇于发现真正问题的精神,很重要,甚至可能会决
定了你在某一个职场领域碰到困难时,有没有办法撑下去。

有天在咖啡馆写稿,邻桌一位房产业务员正在跟客户谈斡旋金的事情，两个人聊着聊着，年约三十岁的房产业务员，转而分享起投身该领域的原因。起初，我对他们的聊天内容一点兴趣都没有，没想到听着听着竟然被感动。那位业务员提到，刚投入房产业的第一个月，压力大到不行，挨家挨户开发客户的过程中，不是被用极为难听的话羞辱，就是被以骚扰为由通报到警局，处境十分不堪。

"那时候我真的觉得很受挫，加上妈妈刚过世，常常难过到一个人坐在便利商店靠窗的位子，边喝咖啡边掉眼泪，"他话锋一转，接着说，"后来，有一位前辈经过便利商店看到我，就用他自己的故事来激励我，那时候我才发现，原来不是只有我的处境最惨，那位前辈也遭遇过很多困难，但为了偿还家人的债务，他还是持续地努力下去……"

说到这里，卖屋客显然已经为业务员的勤奋精神所打动。一旁的我也忍不住默默在心里为他点一个赞，这么乐观向上的年轻人实在难能可贵啊！尤其是听到他在那么低潮的景况下，非但没有怨天尤人，还能马上从前辈的经验分享，发现当下困住自己的盲点，这样的挫折修复力着实不易。

美国硅谷一家营销公司的创办人，曾经公开分享五种高EQ（Emotional Intelligence Quotient）工作者会有的职场表

现,其中一项就是"不抱怨"。举例来说,当多数人还陷在负面情绪中,到处抱怨主管难搞、客户机车时,高 EQ 人才早就转而思考"如何让主管或客户采纳建议",为自己创造出有利的职场环境。

又或者,为自己找一个更好的出路,也不失为一种有效的解决之道。无论是面对职场困扰,还是人生中的大小事件,或进或退其实都无可厚非,重点是要清楚当下"为何而战",目标明确了,即使在追求的过程中,难免因为一些事情而心生不满,至少负面情绪也会转化得很快。

更何况,"抱怨"这位生活小老师都已经指路,协助你发现问题背后的问题了,这种时候对症下药都来不及了,哪来时间跟精力可以浪费呢?

○ 放大心中的小太阳 ○

在追逐梦想的沿途中，难免碰上坏天气，一度让人看不见前方道路，但心中的小太阳却会永远伴随着你，照亮生命的光景。

人与人之间的差别究竟是从何而来？除了后天成长环境的影响，发展心理学指出，其实每个孩子都具备所谓的"先天气质"，那是打从娘胎阶段就写好的人格程序，针对这一点我深表认同，但即使如此，人与人之间仍然有一些共通面。

据传，戏剧界对于角色诠释的技巧，有一句话说："诠释坏人角色，要着重在此人的良善面；诠释好人角色，则要着眼在其黑暗的那一面。"这便意味着，好人坏人其实都有着共同的人性面，如同有些人生性乐观，有些人偏向悲观，但内在同样蕴含着一股渴望向上的动力。差别在于，乐观的人很容易就展现出这一面，悲观的人却需要经由刻意练习，提升心中小太阳的亮度和热度。

再不然，就是尽量接近那些散发着希望光芒的人，让他们的正向活力来启发你，内心的小太阳吸收了外在的光和热，才会变得越来越闪耀，并因此更加照亮你的人生，尤其是在低潮或失去盼望的时候。

从乐观的人身上吸取正能量

一位享誉盛名的老建筑师，退休后前往第三世界国家担任志工，协助当地进行一项修建河堤的工程。这并不是一件容易的事，当地虽然人力充足，但经济和物资条件却很有限，建材的取得得靠工程师自己到处协调运输，或是寻求非营利组织的协助，动辄豪雨不断的气候形态，更是经常导致河堤工程延误。

有次，一阵暴风雨过后，不但造成当地洪水泛滥，兴建到一半的河堤也因此被冲毁。工人们见状，个个都十分沮丧，对于要不要继续修筑河堤，也开始出现不同声音。

"我看还是算了吧！"一位工人率先表态，说，"我们这里每逢大雨就淹水，也不是一天两天的事情，兴建河堤工程又那么费时费力，常常来不及兴建完成就又被大水毁损，这样下去不是一直在做白工吗？"

有些人听了觉得有道理，频频点头，但也有人意见不同。"大家想想看，建筑师为了这个工程，特地飞到我们这里来，还到处张罗建材和资源，如果他都没说要停工，我们怎么可以轻言放弃呢？"另一位工人回应。

放弃？还是继续？工人们之间各持己见，但也有人态度中立，正当大伙儿你一言我一语时，建筑师现身了，询问发生了什么事。此时，有工人指着现场的一片惨况，说："您看，我们辛苦了好几个月的心血全毁了，一些大型机具也被泥巴掩盖，暂时运作不了……"

"原来如此啊！"建筑师伸出右手臂，示意要大家抬头望向天空，接着说，"可是你们看，这里除了满地的泥泞，还有晴

空万里的天空啊！等到太阳将这些泥泞晒干，机具就可以运作，我们就可以重新上工啦！"

语毕，建筑师开始弯腰清理现场，工人们见状也纷纷跟着动了起来。从此之后，没有人再提出停工的想法，加上老天爷的眷顾，当地连续几个月的天气大多晴朗，河堤工程终于如愿建置完成。

启用典礼当天，工人们一一上前给建筑师深深的拥抱，因为他为当地居民带来的贡献不仅仅是河堤的修建，更有乐观的态度，这才是他们从建筑师身上得到的，最受用的宝贵资产。

你呢？看完这个小故事，有没有从建筑师身上得到什么启发？

我倒是联想到以影片《海角七号》爆红的台湾导演魏德圣。他之所以会受到外界推崇，除了电影作品引发大众共鸣，另外一个很重要的原因就是，在追求电影梦的过程中，他展现出的不放弃精神。

ABC 理论,培养理性思考力

出于工作机缘,我曾经制作过一部关于魏德圣的纪录片。电影《赛德克·巴莱》的幕后花絮中有一段跟上述情节很类似,当时的状况是,山区一场突如其来的大雨,将电影的外景现场破坏殆尽。

光是要恢复现场就不知道要花多少时间,让工作人员们都很气馁,至于身为导演的魏德圣,压力就更大了,因为拍摄进度每耽搁一天,制作成本就会再往上加,无怪乎,当时的侧拍镜头总会捕捉到他拿铲子清理泥泞的画面。

魏德圣心里一定非常郁闷,然而他是团队中唯一不能喊罢工的人。即使乌云暂时遮蔽了蔚蓝天空,他心中的小太阳却依旧发光,支撑着他无论如何都要继续坚持下去!

这也正足以解释,何以在电影拍摄期间,碰到日本工作人员因为剧组发不出薪水,一度罢工还扬言要返回日本,魏德圣还是执意拍下去,并为此放下身段四处筹资,连大明星周杰伦也名列金主之一。幸好,电影推出之后大受市场好评,债台高筑的魏德圣才得以还清债务。畅销小说《牧羊少

年奇幻之旅》当中，有一句话说："当你真心渴望某样东西时，整个宇宙都会联合起来帮助你完成。"果真一点都不假。

无论是魏德圣的例子还是建筑师的故事，皆在鼓励大家有梦想就不要放弃。而且永远不要忘记，在追逐梦想的沿途中，难免碰上坏天气，一度让人看不见前方道路，但心中的小太阳却会永远伴随着你，照亮生命的光景。

若是到目前为止，尚未发现心中的小太阳，那么不妨先从"理性思考力"开始培养。关于这个练习，可借用美国心理学家阿尔伯特·埃利斯（Albert Ellis，1913—2007）提出的ABC理论：A 是 Activating Event，指发生的事件；B 是Belief，指人们对事件抱持的信念；C 是 Consequence，指信念所引起的情绪和行为后果。

埃利斯认为，A 并不会导致 C，也就是事件本身并不会影响到一个人的情绪反应或行为结果，真正在主导着 C 的自变项，其实是 B——个人对事件所持的非理性观点。至于何谓非理性观点的定义？埃利斯指出三点原则：（1）绝对化的要求，认为事情"应该""必须""一定要"如何发生；（2）过分概括化，也就是以偏概全地把那些"有时"才出现的情况说成"总是"；（3）糟糕至极，认定某些事情一旦发生，将会导致非常可怕的结果。

　　这是一个非常实用的理论，虽然无法让人从此高枕无忧，但透过非理性观点的刻意修正，生活中的烦恼及其引发的负面情绪，肯定能减轻一大半，因为学会如何辨识思维的盲点之后，纵使内心的太阳热力尚未充足，至少可以先帮助你做到"不要太为难自己"。太多临床案例指出，很多时候，真正困扰人们的并非外在环境，而是内在的自我控诉，因此只要愿意先在心里面放过自己，有时再回头看看外在困境，似乎也就没那么难以跨越了。

○ 将"任性"升级为"韧性" ○

> 当我们面临一个困难或不满的事件
> 时，不用急着做出回应，想一想，换位思
> 考一下，很可能会发现，实情跟你以为的
> 完全不一样。

你自认是一个任性的人吗？

在我个人眼中，适当的任性其实无伤大雅，从心理健康
的角度来说，甚至还是一种纾压方式。然而过犹不及，若是
任性作为已经造成他人困扰，或明显危害到他人的权益，那

就真该好好想一想，是不是要这样继续下去了。

更残酷的现实是，20 岁耍任性，人家可能还会解释成"年轻不懂事"，尚可一笑置之；到了 30 岁，若还是动不动就把自己的任性随意，建筑在别人的困扰上，像是把旁人当亲爹亲娘使唤，或是工作想做就做、不想做就留给别人收拾……到时候肯定会搞到众叛亲离，没人想要搭理你喔！

此刻的你，想要赢在人生的第二个起跑点，就不能再放任"任性"此一破坏性能量毫无章法地搞破坏，反倒是要将"任性"升级为"韧性"，让后者这股创造性能量领路，带你冲刺未来。

与其搞破坏，不如拼创造

举一个实际在台湾发生过的例子。

一名 40 多岁的男子，原本从事高速公路收费员的工作，几年前随着新政策的出台，他和同样担任收费员的妻子双双面临失业的危机，他们还跟着自救公会上街举牌抗争，试图借此引发舆论的关注，促使公共部门积极出面响应。

正当一众亲朋好友以为他们夫妻俩的抗争行动将会没

完没了的时候,他却在失业半年后重拾书本,每天窝在补习班苦读九个小时。幸好,皇天不负苦心人,后来男子不仅顺利考到建筑师执照,还一路过关斩将取得公务员资格,得到人人羡慕的工作,其力拼职业生涯第二春的励志故事,也引发了媒体一阵报道热潮。

很多人好奇,何以男子会有如此大的转变?关于这一点,他曾经有感而发地向记者解释:"当初会退出自救会是因为发现抗争行动已经变调,大家应该利用法律途径来争取权益,而非因为抗争行动而伤害到其他人,比如用鞋子砸人或集体瘫痪高速公路……"

正因为男子懂得从自身以外的角度来检视抗争行动,才有机会客观认识到,随着大众对于交通便利的需求,高速公路收费电子化本来就是大势所趋,一味要求公共部门保障就业权益,似乎并不合理。更何况,无论是离职补偿金还是就业辅导,相关部门业已兑现承诺,继续抗争下去也很难出现什么新转机。

视角转换后,男子的内在能量也开始从破坏转换成为创造,彰显于外的作为便是选择苦读报考公务员,让自己更上一层楼。当男子成功把任性转化为韧性之后,不仅保障了家

中的经济,也为自己赢得了更大化的人生利益,以及外界的
肯定。

　　相较之下,部分自救会成员因为不愿就此善罢甘休,也
甚少将心力投入在找寻新机会方面,不仅至今工作没着落,
还得处理抗争行为引发的法律追溯问题,迟迟无法开启人生
的新篇章。

换位思考,搞定内在任性小孩

　　将"破坏性能量"转化成为"创造性能量",并不容易。
用比较拟人化的语言来解释,首先,就是要能够成功搞定自
己内在那个自私、贪玩、情绪化,有时又很容易被外在事件
激怒的人格小孩。

　　最有效的说服方式之一,则是"换位思考",透过跳脱自
我本位的方式,从他人的立场来评估一件事情,多少可以避
免因为一时的任性情绪,引发后续一些难以收拾的局面。

　　换位思考,如同一个人在计算机屏幕上,先用鼠标把自
己的窗口缩小,然后把别人的窗口点开。透过此一切换动
作,很可能会发现,哇,虽然两个人都是聚焦同一个现实事

件,因着个人取景范围的不同,有人用特写镜头聚焦,有人关注的是全景,对于事件的理解自然会有所出入。

讲一则小故事,或许有助于理解这样的概念。有一位生性好打抱不平的业余摄影师,某天心血来潮,随手拿出单反相机捕捉街头即景,正当他凑近观景窗,准备按下快门键时,突然,一名男子冲进观景窗,状似逃命一般,为了看到更多真相,摄影师赶紧将镜头焦距拉远,发现男子后头还有另一名男子在追赶。

"糟了,前面那个人可能遇到危险了!"摄影师的心里开始有些不安,正当踟蹰着要不要出手相助,同时将镜头焦距拉得更远时,才终于看清楚发生了什么事情。原来啊!前方男子是在追赶即将启动的公交车,后头男子则是在追赶前者以交还其掉落的皮夹子。也就是说这根本不是什么街头械斗,而是一个热心人士正在发挥助人精神。

不同的窗口,果真会撷取到不同的事实。而这也代表着,当我们面临一个困难或不满的事件时,不用急着做出回应,想一想,换位思考一下,很可能会发现,实情跟你以为的完全不一样。

换位思考带来的另一个效益是,即使没有改变你看待事情的角度，也能让你因为理解对方立场而心生同理，让内在的那个任性小孩不再动辄暴跳如雷，更好的情况是，可以因此沉住气来观察事情的变化，在最适当的时机点做出最适切的响应。若真能做到这一点，便是已经成功将"任性"提升为"韧性"，未来也将因此而拥有更多可能性。

○ 建立多元的自我评价系统 ○

> 当你在工作上追求的不只是绩效，
> 还包含了对社会的贡献度，那么就算不
> 是业务常胜军，仍然可以自己的竭力表
> 现为荣。

没有人喜欢输的感觉。当我们回顾二十几岁时的自己，似乎总怀抱着一颗好胜的心，千方百计想在各种竞争当中脱颖而出，先是赢得一份工作、赢得一个情人，再来是赢得一个光荣的职位头衔，甚或是一段长期婚姻关系……

　　然后呢？接下来的人生又该通往哪儿？跨过 30 岁关卡之后，总会有那么一天，夜深人静之际，内心浮现出一些从未出现过的微小声音，问着："嘿，人生至此，你，真的感到快乐和满足吗？"或问，"现在的你，依旧陷在'怕输'的恐惧当中吗？"

　　有个美国制播的块状性竞赛节目，专门邀请各领域名人上节目发挥设计创意，无论是电影演员还是选美小姐，抑或是小有名气的音乐家，每个人都必须透过完成一个个的居家设计任务，方能晋级到最后的总决赛。取得冠军头衔的人，虽然必须将巨额奖金捐给慈善机构，但也因此赢得了荣耀头衔，因此参赛者无不使出浑身解数。

　　或许是为了强化戏剧张力，以便吸引收视观众的注意，比赛过程在节目单位的镜头记录下，宛如一场楚门秀，除了可以欣赏到参赛者们巧思下的精彩设计，也让人得以窥见身处竞争状态下的真实人性面，确实有趣。但是当节目到了最后一集，评审们从两位决赛选手中选出最后一位赢家时，合该欢欣落幕的时刻却出现暴走场面。

　　原因是，决赛落败者在礼貌地跟得胜者拥抱祝贺之后，似乎因为按捺不住心中的不平，瞬间暴怒，开始在录像现场

咆哮,除了批评对手没有资格赢得冠军,还用极具攻击性的语言控诉三位评审,让在场的人全都看傻了眼,难以想象眼前的这位失控姐,竟然就是大家印象中那位美丽动人、富有爱心,又极具设计天赋的选美小姐。

多么令人惋惜的一幕!那位选美小姐不仅输掉了那场比赛,还连带失去了在公众心目中的甜美形象,而我也相信,要不是受到落败的打击,她绝对不会笨到故意在镜头面前上演暴走行为,让画面被放送到世界各地。

微小正能量,平衡"怕输"的焦虑

为什么对有些人来说,"第一名"的头衔那么重要,重要到会公然出现攻击反应?直到后来再多听了一些"人生胜利组"的故事,我才渐渐体会那样的心情。

说说她吧,一个就读一流学府的女大学生。母亲是名老师,加上成绩表现优异,自小她就是学校老师和同学们眼中的焦点。在她的世界里,"成绩"等同"自信"更等于"自我价值",身为第一名的常胜军,她也总是自信十足,整个人也显得外向活泼。

　　哪知道一进入研究所就读，她的世界开始崩盘。当她看到班上同学各个展现出强烈的进取心，外加社交能力一流，便不自觉地出现焦虑和退缩的心理。为何会出现这么大的转变？可能的原因之一是，置身在那群同学当中，引发了她内在一种"输"的感觉。为了摆脱挫败感，只好采取熟悉的"遁逃策略"——如同她在高中就读第三类组时，由于生物和理化没有其他同学好，便执意要转到没有这类课程的第一类组，即使兴趣并不浓厚。

　　当惯了第一名的女大学生，似乎因为难以接受已不如人的事实，整个人宛如一只消了气的皮球，每天关在家里什么都不做，也不愿到学校上课，学业呈现半放弃状态。什么叫作"未战先败"？我想，指的就是类似她的状况吧！20出头，还没进入职场证明自己，她就已经先被"怕输的焦虑"给自我淘汰了，真的好可惜。

　　但另一方面，又该如何克服这种内在障碍呢？关键在于，你有没有建立一套多元的自我评价系统。除非是刚刚踏入社会的职场新人，不然过往的社会历练应该足以让你深刻认识到，无论你做得再好，表现得再突出，都不可能满足每一个人的期待，所以真正需要在乎的其实是你对自己的评价。

当你在意的不再只是成绩排名,而是过程中付出了多少努力,以及进步了多少,那么即使最后没有得到第一名,也不至于打击到自信心;同理,当你在工作上追求的不只是绩效,还包含了对社会的贡献度,那么就算不是业务常胜军,仍然可以自己的竭力表现为荣。

这些微小正能量带来的加持效果,不仅有助于减轻内在焦虑,还能使你不再过分纠结于一些外在评价,因为这些观点和意见,只构成了你自尊的一小部分,或好或坏,自然无须太在意。怀有这样的心态,35 岁之后的人生,会活得愈发淡定。

○ 别害怕失败，更别畏惧成功 ○

当一个人发自内心相信自己够好的时候，才有办法拥抱真正的富足——关系的富足、情感的富足、工作的富足、事业的富足、财富的富足。

"世界上最难的不是迈向成功，而是相信自己真的已经成功。"随着对人心的探索越来越多，在我的心里，这样的感触也越来越深。

对于我的中年转业（如果 32 岁算中年的话），很多人最

常问我的一个问题是:"怎么会想从记者转换到毫不相关的心理师角色?"之前,我的回答通常是:"记者工作和心理师的工作其实很相似,都是透过谈话方式来了解一个人。"

然而,在心理专业养成路上沉浸了近五年,现在的我,依旧认为两者有相似之处,但也发现一个极大的差异在于:身为记者常常听到的是,人们宣称自己是多么成功,身为心理师比较有机会听到的则是,人们坦承自己有多害怕成功,甚或有些时候人们根本没有意识到,但还是可以明显观察到这一点。

几年前,曾经听一个企管背景的心理师提到,他受邀担任企业高阶经理人或接班人的培训顾问时,发现一个很奇怪的现象,就是有些人明明努力好久才爬上高位,却在承担领导大责的那一刻退缩了——不是直接回绝升迁机会,而是以一种无意识的方式表现出来,像是把事情搞砸、一再拖延进度,或是莫名其妙地生了一场大病,以至于无法承接该职位。

从心理治疗的角度往下探问,往往可以导引出当事人内心深处,那一股被"无价值感"笼罩的深层恐惧。换句话说,那些表面上承担、实际上却在逃避成功的专业经理人,退缩的真相其实是因为内心深处,总有个声音不断告诉他:"喂!

你不配拥有这个光环，肯定因为你还不够好……"

我非常理解那种矛盾挣扎。32岁那年，我人生中的第一本书问世，成为作家的美梦成真，包括之后又陆续出版的两本书在内，销售量也都不差，我理应开心无比，但说也奇怪，我的内心却开始感到不踏实，人也变得越来越退缩。

当时，我完全无法理解自己怎么了。后来我明白了。用心理学的语言来解释，那时候的我，表面上看来自信十足，但受到早年成长经验的影响，骨子里的自我认知非常低。在这种虚有其表的状态下，一旦外界加诸的肯定和期望，高过我在潜意识里对自己的认可，便会涌现一股羞愧感，为了摆脱这种负面感受，常常会在不自觉中做出破坏行动，像是丧失写作的动力。

另一方面，一个自我认知不高的人，因为缺乏稳定的自我价值感，对于外界的评价也会过于患得患失。在这样的心理机转之下，为了保持内在平静，要不就是更加积极地讨好他人，要不就是避免跟外界产生联结，很明显地，后者就是我当时采取的策略。

如今，我已安然走过内在困境，也学会如何在感受搅扰时，以建设性的方式来自我安抚，例如透过阅读来转移注意

力，或是来一场小旅行来切换生命场景。而也因为有过这样的生命经验，我特别能够理解那些处在类似景况的求助者，他们内心正在经历的苦痛挣扎，以及该如何协助提升自我价值感，进而重新与人产生联结，并且享受其中。

用富足心态来创造丰盛人生

无论是用吸引力法则还是创造力法则来解释，道理其实都说得通。当一个人发自内心相信自己够好的时候，才有办法拥抱真正的富足——关系的富足、情感的富足、工作的富足、事业的富足、财富的富足——否则的话，即使哪天真有天上掉下来的礼物，也会被硬生生地推出去。

这个残酷的生存定律，从美国喜剧电影《阿呆与阿瓜》（*Dumb & Dumber*）中的一幕对话，便可清楚窥见。

有一场画面是，两位主人翁罗伊和哈里疲累地走在路上，有辆车在他们身边停了下来，车上身穿比基尼的女孩问："你们知道哪里可以找到两个男人，愿意跟我们一起旅行几个月，并且帮我们涂抹防晒油吗？"

面对如此让两人沮丧的问话，哈里的回答是："喔，沿着这条路抵达前方的小镇后，就可以找到这样的人了。"罗伊的反应更妙了，望着香车美人扬长而去，还一脸羡慕地转头对哈里说："真希望有一天，我们也能碰上相同的好运。"

很有趣的电影情节吧？但类似的情形发生在现实生活里，那可就不好笑了，毕竟谁会希望总是跟好运擦肩而过呢？然而，要让天使相信自己真的是天使，而且值得拥有最好的一切，却也不是一件容易的事。对于一些自我认知不高的人来说，最好的疗愈之道就是找到一个好"客体"，也就是好的照顾者，然后再从中学习如何自我照顾。

哪里去找好的照顾者？则是依据每个人的内在信仰，以及拥有的外在资源而定。有人拥有一对睿智父母，有人遇到赏识自己的前辈，有人结交到真心知己，也有人觅得灵魂伴侣……

我的疗愈历程比较特殊。多年来，一路扶持我走过高山低谷、不断给予我勇气和盼望的好客体，是上帝。曾经我是那么胆小畏惧，但透过上帝的眼光及其带进生命中的功课，让我感受到一个伟大的自己，因而自信倍增。

不只是我，每个人被创造来到这个世界上，都肩负着一个美好的使命，只不过碍于成长过程中的创伤经验，或是沉

迷于主流社会价值观,使得我们跟内在神性失去了联结,导致无法活出个人的天赋。

　　活出天赋,等于发现独特的生存印记,而那便是一个人最重要的价值根基,有了它,即使外在世界偶尔风云变色,也无法轻易撼动你的内在世界。而到了那个时候,你就真的可以张开双手,用自信拥抱真实的自己。

03

生活很难，
但也可以很简单

帮助你活出天赋，站上
专属舞台自信发光

○ 丑小鸭真正的身份，其实是天鹅 ○

那些常被众人公认是好好先生或好
好小姐的人，有时往往是最压抑真实自
我的人。

活了三十多个年头，一万多个日子，你对自己的了解究
竟有多少呢？据传在希腊的阿波罗神殿当中，刻有一句简要
的至理名言，就是"认识你自己"。曾有人描述古希腊哲人苏
格拉底就是在看见这句话之后，决定展开哲学寻思之旅。

一直以来，我也经常在书中大力倡议，鼓励读者朋友们

要勇敢做自己，做自己生命的主人。但同时我也清楚，要真实地做自己谈何容易呢？姑且不论外在现实可能构成的一些阻碍，当一个人尝试做回自己的时候，碰到的第一个困境通常不是源自外在，还在自我探问的阶段，内心就会先被这样的一个疑问给卡住："做自己，指的是做回一个什么样的自己？"其实答案早已暗藏在希腊神殿刻的那一句"认识你自己"中，是的，做自己的前提就是从认识自己开始。

格林童话故事中的《丑小鸭》，大家都耳熟能详。内容大致是说，农村里，有一只母鸭生了一窝蛋，随着时间一天天过去，可爱的小鸭子也一只只破壳而出。唯独有一颗蛋不只看起来特别大，还让鸭妈妈孵了特别久，里头的大鸭子才冒出头来，模样丑得很，因此被其他同伴喊为丑小鸭。

受不了农场动物的嘲笑和排挤，加上鸭妈妈也开始怀疑它不是自己生的小孩，伤心失望之余，丑小鸭决定离家出走，追寻自己真正的身世。流浪过程中，虽然一度被人收养，还是脱离不了被欺负的命运，于是乎，丑小鸭又再度选择踏上追寻的旅程，孤独地在野地里熬过逼人的寒冬。

等啊！盼啊！事情终于出现转机。来年春天到来，丑小鸭的身上长出了一对翅膀，还换上一身雪白的羽毛，这时它

才发现一个惊人的事实：原来它是一只拥有尊贵血统的天鹅，而非一只平凡的鸭子。

分辨真我假我的指标之一：能否适时说"不！"

重温一下《丑小鸭》这个经典童话故事，是否让你重新领悟到些道理？若尝试以心理学的理论来诠释，我倒是联想到了英国精神分析师温尼科特（Winnicott，1896—1971）在1960年提出的"真我和假我"的概念。

真我（true self）和假我（false self），前者指的是一个人内在的真实本性，反观假我所扮演的作用则如同社会面具，用以协助个人适应社会规范。但过犹不及，当一个人多数时候都处于假我状态，自然就会离真实的自己越来越远，心，也就跟着越来越不快乐。

如何分辨自己或他人的"假我"比例是多还是少？一个显而易见的指标是：懂不懂得适时说"不！"。换句话说，那些常被众人公认是好好先生或好好小姐的人，有时往往是最压抑真实自我的人。

以前的我不明白这样的内在心理机转，每逢在职场或朋友圈遇到这一类的"Yes Man"，常会觉得这样的人似乎特别值得信任；直到实际走过"褪去假我、活出真我"的生命历程，加上心理专业知识的累积，现在再碰到这样的人，我反而觉得相处起来有点辛苦而且很有距离感，心里老是不踏实。

在我所参与的一个团队当中，有个人即使已经忙到分身乏术，身体的免疫系统也开始拉警报，她还是经常主动把团体事务揽在身上，也因此被视为是团队中的好好小姐。一开始我也这么以为，认识久了才逐渐发现到，在团体中以一个"牺牲者"或"付出者"的姿态存在，似乎就是她的价值感来源，不那么做反而会没有安全感，担心自己不被喜欢或不受重视。

看到这里，是否让你联想到了生活周遭的哪个人，还是那正好也是你的翻版？若是觉察到自己常常会"Yes Man"上身，那么不妨进一步自我探问，自己在有意识或无意识间选择那么做，为的是什么呢？

虽然积极、热心、主动等，都是值得称许的正向特质，但人毕竟不是机器，不只生理需要适度休息，心理层面一样需要偶尔喘口气。若是经常以自我牺牲的方式来迎合他人，长此以往，将会导致你跟谁都很难建立真实关系，更别说要触

碰自己真实的那一面了!

另一个遇见真实自我的途径,就是效法丑小鸭的寻根精神,以自己跟他人的相异之处为起点,展开自我探索的旅程。美国的一位团体心理治疗权威叫欧文·亚隆(Irvin Yalom),他身兼精神科医师跟作家的身份,笔下的多本心理学著作,向来被列为心理治疗领域的必读教材。关于要如何辨识真我的这个问题,亚隆在书中所抱持的观点便是:探索自己和别人的差异。

也许因为害怕与众不同,或者是担心被当成异类,我们很容易就会将"不同"和"不对"画上等号,以至于在还来不及探索差异之前,就急着否认自己的需要和真正的感受,落入"Yes Man"的命运轮回,再不然就是不断地自我批判,觉得自己不应该这么想或那么做……

想找回天生所具备的美丽天鹅的身份吗?那就勇敢认清自己跟别人的不同吧!接纳它,然后,一步一步探索它,相信有一天,你会在自己的身上发现惊喜。

○ 生活很难，但也可以很简单 ○

> 改以一种更为贴近外在现实，同时
> 也兼顾到内在真实的姿态，自创出一套
> 成功生活哲学。

很久很久以前，台湾曾经流行过一首歌《年轻不要留白》，由于曲风轻快、歌词简单易记，一推出随即造成轰动。歌词不断鼓吹着当下的年轻人："尽情挥洒自己的色彩，年轻不要留白，走出户外放开你的胸怀，阳光也叫我不要再等待，一起魅力摇摆，年轻不要不要留白……"

这首歌推出的来年，已故歌手张雨生的一曲《我的未来不是梦》中，副歌唱着："……我的未来不是梦，我认真地过每一分钟，我的未来不是梦，我的心跟着希望在动，跟着希望在动。"一样撼动许许多多年轻人的心。

倘若现在的你尚未满30岁，对第一首歌想必陌生；第二首歌的话，近年来陆续有歌手翻唱过，年轻朋友们可能多少有一点印象。不过我想就算都没听过，光看这里撷取的一小段歌词，就足以令人热血沸腾，因为它们共同点出了年轻世代对未来所怀抱的憧憬和冲劲。

矛盾的是，有时候冲着冲着，原以为一切都会渐入佳境，结果却事与愿违，最后才不得不认清一件事，那就是我们都把生活过得太难、太辛苦了！

找回初心，才能体会简单本质

泰国一位名叫 Jon Jindai 的农夫，出生在贫穷的村庄，童年生活却过得快乐又知足。一直到懂事以后，越来越多人告诉他，应该离乡背井到都市追求成功的生活，他才开始为自己的贫穷感到悲哀。

　　为了成功脱贫，18 岁那年，Jon Jindai 决定到都市念大学，过起半工半读的生活。当时的他总天真地以为，只要认真打工、念书，就有机会逐渐迈向成功，但实际的情况却是，他每天辛苦工作八小时，每餐却只能吃到一碗面条或一盘简单的炒饭，为了节省房租，晚上还得跟一堆人挤在闷热的小房间，最后甚至连学业都荒废了。

　　"Life is so hard. I feel disappointed.（生活如此艰难，我感到很沮丧。）"Jon Jindai 在 TED 公开演说时提到，当时的他开始反思，问自己，"Why I have to be here?（为什么我非得待在这里不可?）"

　　Jon Jindai 想不明白，自己都已经那么努力了（Work so hard），生活为何还是如此艰难（Life is so hard）！他忍不住怀念起童年生活的美好片段，以及邻里间的亲切交流，几经思索，他决定休学返乡务农，重拾过往的简单生活。

　　回到家乡后的 Jon Jindai，一年只需要工作两个月，一个月用来种大米，一个月用来收大米，收成不只足以养活一家六口，还可以连同菜园里种的菜，一起拿到市场去卖，赚取额外收入。

　　房子也是一样。在大都市，很多人终其一生都买不起房子，Jon Jindai 却只花了三个月、一天工作两个小时的时间，就在自家土地上盖好一栋砖房，晋升有屋阶级。后来盖房子盖出心得，还以平均一年一栋的速度盖了十几栋，让他自嘲现在每天晚上都要烦恼到哪一栋房子睡觉。

　　更令人感到敬佩的是，Jon Jindai 在追求人生幸福的过程中，仍不忘负起维护地球环境的使命，在累积丰富经验之后，他开始成立学习中心，专门教导如何从事有机耕作，以及自己动手盖房子的技巧。

　　拜师学艺的人来自四面八方，甚至更不乏西方人远渡重洋，只是为了向 Jon Jindai 学习如何把复杂生活变简单，从而活出生命的独特性。俗话说，"千里姻缘一线牵"，原本孤家寡人的 Jon Jindai，还因此得到一位年轻西方女子的青睐，共组家庭后，生下一个可爱的混血男孩。

　　"Life is so easy and fun.（生命是如此简单和有趣。）"十几分钟的 TED 演讲中，Jon Jindai 不断向台下听众们强调着这一点，黝黑的脸上，绽放着灿烂满足的笑容，宛如童年时一般。

"现实感"不是向现实妥协，而是踏实筑梦

二十几岁和三十几岁相比，对梦想所秉持的态度该有什么差异呢？我个人认为最重要的还是"现实感"，也就是必须回归到一个更为务实的态度。

乍看"现实感"三个字，似乎在暗示人要懂得接受现实，或是对现实妥协，但实际上这里强调的是人要有现实感，是想鼓励你勇敢去逐梦，只不过要谨记"踏实筑梦"的原则，也就是梦想要建构在现实的基础上，最终才不会沦为空想。

理解了这一点之后，回头来反思泰国农民 Jon Jindai 的故事。表面上，Jon Jindai 的都市梦碎是受限于经济因素，但借由他在 TED 的分享便不难猜想到，实际原因是他无法认同学校教导的专业知识，丧失学习热忱后，索性选择放弃学业，返乡务农。

推崇结果论的人或许会觉得，Jon Jindai 的"都市求生记"根本是白走一遭，早知道有一天会打道回府，不如一开始就不要出发，好好在小村庄待着还比较实际。但进一步想想，真的是如此吗？若是 Jon Jindai 这辈子都不曾到都市尝

试求学和工作过，会对他的人生体会有帮助吗？

在我看来，Jon Jindai 的都市挫败经验，虽然让他自此退出城市生活圈，却也帮助他认清了自身限制，并且悟出内心的热情所在——这些新的觉察构成了现实感基础，才让 Jon Jindai 做出返乡的决定，改以一种更为贴近外在现实，同时也兼顾到内在真实的姿态，自创出一套成功生活哲学。

再次强调，"现实感"并不等于向现实举白旗。有建设性的现实感，可以帮助我们在投入一个梦想计划之前，先行评估自身的优势、劣势，以及心之所向，接着再重点出手，收得事半功倍之效。最后你会发现，想过心目中的理想生活并不难，如同 Jon Jindai 后来的体悟：Life is so easy and fun.

○ 透过管控焦虑来重拾内在自由 ○

好好地认清，真正想要的"自由生活
形态"究竟为何，接着好好朝着那个方向
去开创，才可能在 35 岁之后的人生，拥
有真心想要的自由喔！

什么叫作真正的自由？这个问题拿去问一百个人，大概
会出现一百〇一种答案，因为依据每个人的价值观，以及渴
望的生活形态不同，对于自由的想象当然也就不一而足。

以工作为例，有人觉得能够每天睡到自然醒，不用出门

工作为五斗米折腰，才是真自由；然而另一方面，也有人会觉得拥有一份稳定工作，确保个人财务自主才称得上是自由。

从生活层面来说，有人觉得能够随时背起行囊四处去旅行，是一种自由；但对于喜欢寻求稳定关系的人来说，唯有跟心爱的人共同打造一个家庭，内心才会得到真正的纾解，进而感受自由。

又或者，基于更深层复杂的心理因素，有些人对于"自由"的形式定义远超乎一般人的理解范畴。

有位年轻艺术家，自小因为父母亲离异，成长过程中都是跟着母亲一起生活。童年得到的关爱不多，加上求学时期曾经被霸凌过，使得他打从内心深处认定自己不值得被爱。长大以后，为了赢得家人和他人的爱，他开始无止境追寻外在成就，以至于无论赢得多少掌声和肯定，快乐的心情都宛如昙花一现，很快就又被成就焦虑淹没，陷入低潮。

为了逃避内在焦虑夺命似的催逼，生性热爱无拘无束的他，一度宁可牺牲行动自由，选择住进了规范严格的照护机构，因为每天早上醒来，有人告诉他什么时间该做什么事，反而让他感到释放，无须再急着想方设法做些额外追求。

因为被限制而感到自由，肯定是多数人抓破脑袋也无法理解的一种悖论，但人性的运作确实就是这么微妙。至于你，关于"自由"，你的个人定义又是什么？是否想过什么是你真正想要追求的自由形态呢？

若是这样的问法太抽象，让你一下子也说不上来或摸不着头绪，那么不妨以"焦虑感"作为指标，先关注那些会让你感到焦虑的处境，因为那正是人生受控制之所在，也是造成你感觉不自由的源头。

焦虑感受宛如一颗沉重的大石头，一旦被抛掷进心湖，便会泛起一波波涟漪，威力之大甚至足以引发湖水倒灌，影响心灵的运作。易言之，若是不先找出引发焦虑的源头（可能不止一个），同时学习有效的因应之道，即便躲到了天涯海角，或是天天处在世外桃源，被焦虑绑架的心依然不得解脱。

认清想要的自由，才有机会拥有

一则出自德国作家海因里希·伯尔（Heinrich Boll，1917—1985）笔下的故事，在网络上广为流传，或许可用来具体说明上述的概念。

其内容大致是，一位极具商业头脑的游客，到欧洲西海

岸的一个小渔港观光时，遇到一位正在打盹儿的渔夫。游客不解，为什么太阳高高挂，海象稳定，一身寒酸衣着的渔夫却没有出海捕鱼，便开口询问："天气这么好，你不出海捕鱼吗？"

面对突如其来的搅扰，渔夫醒来后似乎有些不悦，只是以摇头作答。"那你是身体不舒服吗？"游客不死心地继续追问。

"我的身体好得很，"渔夫举起双臂，用力展了展身体，接着说，"今天一大早的时候，我就已经出海捕过鱼了。"

"那鱼量多吗？"

"好极了，我不只捕到了四只大龙虾，还有二十多条鱼呢！"渔夫一脸得意。

接下来的对话重点，相信很多人都耳熟能详，不外就是游客试图贡献商业点子，说服渔夫每天多出海捕几次鱼，以便在最短的时间内换购一艘大船，并且从事机械化的大型捕鱼作业，直到累积更多财富之后，就可以安安稳稳地在海边打盹儿，或尽情眺望美丽的海景……游客串珠般的建议，让渔夫听了有些啼笑皆非，最后反问："我现在不就已经在这么做了吗？"

故事在此画下句点。无论是德国作家原创，还是网络上那些被改写过的版本，几乎都是以渔夫的经典答复作为结尾，目的在于点出类似"幸福不必远求"的道理，但我之所以引用这则故事，是因为它也很适合说明"内在自由"的概念。

游客和渔夫对于生活形态的追求，正好呼应了"自由的定义因人而异"这句话。进一步以这个角度重新作诠释，便可以理解到，游客未必如我们先前以为的那般不懂得享受当下。如果那位游客是一位天性就热衷开创的人，太过安于当下，反而会让他陷入一种焦虑，这种焦虑只有一小部分是跟渴望取得成就有关，重点还是在于个人的自我实现，这一类的人，常常必须借由不断地开创和前进，才能真正体验到存在的自由。

光是在我个人的身上，就曾经历过渔夫和游客这两种心态的转换。刚跨过 30 岁的头一两年，我离开了稳定的新闻工作，展开实验性的人生。

看过我的书的读者都知道，当时为了寻求接下来的生涯方向，我在台湾偏远离岛当了将近一个月的志工。每天睁开眼，不是进广播室主持节目，就是窝在邻海的小图书馆看书，看累了，抬头就能望见一片蔚蓝海洋，惬意极了！也因为太

享受那样的日子，一个月后重返都市还一度适应不良，每天都觉得心里空空的，一心盼着回到原始小岛生活。

然而心境往往会左右一个人如何感受环境。之后，不管前往离岛旅行几次，即使美丽海景依旧，心情却已不如先前那般触动，原因是我已经从渔夫状态切换成游客，想追求的生命自由的意义也跟着不同。后来的我想要的是，借由多元学习来开发内在潜力，同时透过某些社会角色的扮演，发挥更多正向的影响力，因此无论离岛的景致再美、生活再惬意，还是会让我陷入无所事事的焦虑和空虚之中。

那段历程让我认识到，比起外在形式上的自由，我更渴望的是内在自由，也就是借由自身的开创能力来握有生命主导权，因此就算忙碌，我也忙得很快乐。

焦点回到每天穿梭在办公大楼的你，还在羡慕着别人可以返乡开民宿吗？选择自行创业的你，还在哀怨没有公务员的安稳保障吗？醒一醒吧！历经那么多年的自我探索和成长，差不多该是时候好好地认清，真正想要的"自由生活形态"究竟为何，接着好好朝着那个方向去开创，才可能在 35 岁之后的人生，拥有真心想要的自由喔！

○ 有能耐自然能吸引好人脉 ○

有句话说:"花若盛开,蝴蝶自来;人若精彩,天自安排。"

报章杂志常会强调人脉很重要,这一点大家都可以理解,但如同君子爱财取之有道,建立人脉的方式也有很多种,以长远来说,关系的建立还是要以真诚为上策,而且时机也要拿捏得对。

有次,我跟一群人相约聚餐,席间有人注意到,某领导高层已经比我们早先一步,带着家人来这里用餐。

"各位,我们等一下点好餐之后,一起过去跟他打声招呼好不好?"长袖善舞的 A 女开心地提议。

"可是他跟家人一起来吃饭,这个时候去打扰不太好吧!而且他又不认识我们⋯⋯"B 女提出心中的疑虑,随即有人附和。

"不然我们写纸条请服务生递给他,"A 女马上转头向服务生要了一张纸和一支笔,"我们就写说,您好,我们是××
×,祝您今晚用餐愉快!"

原想置身事外的我,也不得不发言表态:"不好吧! 这样不是摆明在暗示对方帮我们买单吗?"

"不是暗示,根本是在明示。"C 女也有些哭笑不得。

"你们放心,他们那种职业的人都很小气,不会请客的,"虽然 A 女试图说服我们,但在众人齐力反对之下,只好心不甘情不愿地把纸笔放到一旁,还忍不住碎念几句,说,"我也不喜欢这样啊,但是出社会就是要懂得社交,唉,你们都不懂。"

我知道在 A 女眼中,那是一个多么可遇不可求的大好良机。她大概心想,正因为跟那位机构高层不相识,才更要找机会走到对方面前自我介绍,借由这次的一面之缘,搞不好还可以幸运地为将来铺路……

从人脉经营的角度来说，A 女的考虑并没有什么错，她那种积极自我推销的精神也很值得学习；但换位思考一下，如果你是那位机构高层，百忙之中难得可以带家人到餐厅吃饭，这种珍贵的家庭聚会时间，你会希望突然有一群陌生面孔跑来打招呼吗？而且想象在大庭广众之下，这样的画面不是很冒昧又尴尬吗？

更别说，万一那位机构高层不满被打扰，反而因为这样的举动对她留下负面印象，不是适得其反吗？

经营人脉不等于讨好每一个人

一位卡内基讲师说过，虽然他不知道成功的秘诀是什么，却明白有一条路照着走一定会失败，那就是"讨好每一个人"。人脉的累积也一样，若是一看到"有力人士"便像饿虎扑羊般冒失地跑去拉拢关系，对方也很有可能会看穿你的如意算盘，即便相识了，日后也未必想要出手相助。

还是致力于真诚吧！想在职场挣得一席之地，人脉固然重要，但俗话说"天助自助者"，《论语》也告诉我们"天道酬

勤",连老天爷出手相助都要先看你本身够不够努力,更别说那些有力人士了,当他们在思考要不要拉拔你的时候,想必也会先观察你的为人够不够真诚,以及各方面的能耐如何。

另一个更务实的考虑是,在帮助你的同时,可以为他们带来什么好处呢?换言之,在他们眼中,你有什么样的利用价值呢?

美国哈佛大学教授兼社会学家乔治·荷曼斯(George Homans),曾在 1958 年提出社会交换理论(Social Exchange Theory),说明人与人之间的社会吸引,是因为在对方身上看到自己渴望的东西,而基于平等互惠原则,你也必须拥有对方想要的资源,此一社会交换才会成立。

乍听之下有点功利,然而从心理动力的角度来分析,其实也很合理。试想一下,当某个人无论从外在性报酬(如金钱、服从、声望等),或是内在性报酬(如关爱、感激等)都无法满足你的需求,总是由你这方在供应付出,长久下来,你还会有动力维持这段关系吗?

双赢,才是真正高明的人脉经营之道。如果现阶段的你,处于工作生涯的起步阶段,或是尚未建立足以说服人的专业能耐,那就先好好打磨自己,再来琢磨人脉的建立。

有句话说:"花若盛开,蝴蝶自来;人若精彩,天自安排。"与其汲汲营营地盘算该跟谁建立关系,或如何跟某个有力人士打交道,倒不如善用吸引力法则,用自身的好能耐来吸引好人脉。当两个人的交流建立在互助基础上,就没有谁需要仰谁鼻息地感受问题,这样的关系不仅最真诚可贵,也会维持得比较长久。

○ 重返 20 岁 ○

> 若将时光快转到四十几年之后,那
> 个年迈但充满智慧的他或她,会由衷感
> 谢你现在所做的努力吗?

若是有一种魔法可以让人重返 20 岁,你最想回头改写
哪个生命情节呢?

近年,韩国和中国两地先后上演了一部电影,中国片
名叫作《重返二十岁》,剧情主要讲述一个七旬老奶奶,在
即将被送往养老院的前夕,走进一家照相馆拍大头照,想

不到"啪!"闪光灯一亮之后，她竟然变回 20 岁时的青春模样。

起初，她当然是吓坏了。但渐渐地也适应起自己的新人生，并且展开了一连串的奇妙冒险，过着跟以往截然不同的人生。

原本的她，20 出头便嫁做人妇，却碰上了丈夫在战争中丧生的悲剧，为了将唯一的儿子拉拔长大，她不仅吃尽苦头，也不愿再接受其他人的追求；而今，或许是命运的安排，重返 20 岁的她竟然当起乐团歌手，大受欢迎之后，还跟帅气的唱片制作人发展出一段暧昧感情。

剧情发展到后来，身为女主角的老奶奶终于还是陷入了两难：究竟是要继续享受眼前的璀璨新人生，一口气弥补往日的缺憾，还是回归原来的生命轨道，安安分分过完余生？

答案揭晓。最终，老奶奶还是选择回到了实际年龄，原因是宝贝孙子在演出前发生车祸，急需她的捐血救命，而随着血液一点一滴地从体内流失，原来的衰老面貌也逐渐浮现，那段重返青春的奇妙旅程，回首宛如一场梦。

从未来看现在，焦点反而更清晰

受到电影片名的引导，我们可能直觉地跟着反思，若是时光倒转，回到自己 20 岁那年，我们会想改变些什么呢？嗯，这确实是一个很值得花时间讨论的命题，可以促使现在的你更加把握青春岁月，投入一些真正有热情的事情，或是把握住真正想要珍惜的人⋯⋯

然而在这里，我们试着逆向思考一下。若将时光快转到四十几年之后，那个年迈但充满智慧的他或她，会如何看待此刻你所做的抉择、过的生活，乃至于交往的感情对象呢？更重要的是，他或她会由衷感谢你现在所做的努力吗？

我永远忘不了祖母离世前，我坐在病榻边静思的片刻。四人床的病房里，祖母睡在靠窗床位，当我握着她的手，看着她奄奄一息的模样时，内心的感触好深、好深。果真是人生一瞬啊！转眼间，一个陪伴我三十多个年头的长者，即将离开人世。而在不舍的同时，我也好奇，祖母此生是否真正感到快乐或满足过？

之后的日子，面对老年求助者，听他们谈到对未来的无望感受时,心里总会多了那么一份理解。偶尔也会在事后默想着,数十年后,当我自己也活到那样的年纪,会如何对人述说走过的大半岁月? 我会为了什么感到后悔吗? 还有就是,我会为自己的一切追求感到骄傲吗?

那样的内在对话看似寻常,实则意义重大,借由这样的方式,往往能帮助我找到当下的生命重点,进而重拾生存热情。我会告诉自己,既然光阴如此有限,何不好好把握眼前的每时每刻,改变那些有能力改变的事情,改变不了的人和事物就学习真心接纳。

行有余力,还可以时而停下脚步,以一个旁观者的角度,回首命运的安排,然后由衷感谢生命中发生的一切,因为或快乐或悲伤都是属于我的一部分,也是提升灵性成长的重要养分。

正因为真实人生无法如电影般,上演重返 20 岁的事情,因此每一个当下才显得弥足珍贵。况且,人的想象力无限,即使无法在现实生活中来场时空穿越,还是可以在心里跟过去或未来的自己,进行一场跨时空的对话。特别是当你面临抉择的困难,或是卡在某一种状态里怎么都绕不出来时,不妨运用想象力召唤一下未来的自己,向他或她请益,帮助你做出更睿智的决定。

04

放下对"应该"的执着

帮助你真心宽恕，别再用
他人的错来惩罚自己

○ 觉察那些让你陷入困境的模式 ○

借由反思或倾听意见的方式，检视
自己是否又落入惯性思维的陷阱。

若要问，世界上最强大的一部中控系统是什么？我会说：人脑。尤其在看过父亲曾因为脑出血造成脑积水，一度退化到连简单的算术都不会，但事后又可以慢慢恢复到百分之八十的水平时，我才不得不佩服造物主的厉害，竟然能将人脑设计得如此精密。

一项国际研究指出，当同卵双胞胎的两个人做着同一件事情的时候，大脑呈现出的神经回路活化状态也不尽相同，原因就在于，即使两人先天的脑部结构完全一样，受到后天生命经验的差异，仍然会发展出不同的神经回路。

神经回路，简单来说就是大脑在处理讯息的过程中，所出现的链接路径。在这个制式链接路径的牵引下，我们常会对同一类的事件讯息，重复做出相同的情绪或行为反应，以至于最后也总是面临相同的结局，宛如陷入死胡同里。

美国一位励志作家曾经公开分享过一段亲身经历，他提到小时候基于某些原因，他对警车或警察开始怀有恐惧的情绪。

长大以后的某个圣诞节夜晚，他在开车返家的途中，碰到了警察正在执行临检工作。即使他很清楚自己并没有喝酒，更没有任何犯罪行为，内心却莫名地涌起一股紧张的感觉，当下出于生物性的防卫本能，他直觉想要用力踩下油门，火速驶离现场。

幸好他并没有真的那么做，否则接下来的情节就不是这样发展了。那位励志作家在深呼吸一口气的同时，也在心里不断地安抚自己，说："没事的，警察是我的好朋友，他

们是想要帮助我……"

接着,他将车子停在指示位置。在他递出相关证件,并完成酒精检测之后,值勤的警察冷不防地开口问他:"你想要一只火鸡吗?你的证件齐全而且没有酒驾,所以可以得到一只火鸡作为奖励。"原来那一晚,那个警政单位为了自我宣传,特别针对优良驾驶人赠送火鸡一只,而那位励志作家在收下冷冻火鸡后,还跟执勤警察们合拍了一张照片,登上隔日当地报纸版面,知名度也因此大增。

阻断惯性联结,方能转出生命循环

现实生活中,你可能碰不到在接受警察临检时,还可以收到火鸡当礼物的时候,但那种因为神经回路联结而浮出的反抗心理,你肯定不陌生。像是有时明知道自己在工作上有疏失,但只要一被主管指出或要求改善,便马上激起你内在的反弹情绪,也因此几乎把能量耗费在解释上,而非着手进行实际的修正。

若真的碰到这种情况,可以练习在事后回想一下,主管指责时的表情或口气,是不是让你想起过往生命中的哪个人，像是不假辞色的父亲或者是口吻严厉的母亲，才会使你在那个当下自动链接到负面记忆，进而做出情绪化的反应。

套用美国心理学家马斯洛（Abraham Harold Maslow，1908—1970)曾说过的名言："If all you have is a hammer, everything looks like a nail."（当你只有铁槌的时候，什么东西看起来都像是钉子。)这句话明确点出一个关于神经回路作用的事实是：当我们已经在意识或潜意识里认定某人某事是如何时（只有一根槌子），诠释角度很容易就局限在某一特定面向（所见都是钉子）。

前阵子，发生在我自己身上的一个血淋淋的例子是，跟一位作者约好见面洽谈出版事宜，却不小心放了对方鸽子，心里感到万分抱歉，也再次见识到原来神经回路的作用力这么强大！

事情是这样的。有天，友人打电话来说，一位让孩子在家自学的妈妈想将教养心得写成书，问我有没有兴趣出版，当下我提供给友人两个时间：某周五下午(22号)或某周一下午(25号)，三方最后敲定22号下午碰面，但在惯性神经回路的主导下（那段时期，我的工作会议大多排在周一下午），

最后我在行事历上标注成 25 号。

　　结果就可想而知啦！我让对方在 22 号那天苦等了一下午，临时联系不上我，只好在当天晚上写信告知我这件事情。看到来信，我的心头一惊，回头确认和友人的通信对话才发现，对耶，我们确实是约 22 号而非 25 号。接着又发现，那位妈妈早就在信中写着"周五下午见面再讨论"，只是我一心认定见面时间是周一，便自动忽略"周五"这个关键词，差错才会发生。

　　幸好，那位妈妈利用等待的下午，细读我帮友人撰写的书——《为爱飞行：飞越绝境，戒治心灵毒瘾的 30 堂生命课》，大受感动之余，再次来信表达见面的意愿。而我也感谢有那封信，才让我意识到疏忽，并同时感受到她身上所具备的乐观特质，难怪她靠着在家自学的教育方式就可以养出那么优秀的小孩，这样的人所写的教养书肯定特别具有说服力吧！

　　透过上述的例子就可以清楚看见，那些惯常的神经回路联结是如何影响到我们的日常运作，以至于就算"事实摆在眼前"也视而不见。不想再落入类似的生命循环吗？破解的第一步，就是借由反思或倾听意见的方式，检视自己是否又落入惯性思维的陷阱，真的不小心掉进去了，那就赶紧想办法跳脱，寻求更适合的响应方式。

　　尤其是现阶段的你，正站在人生的第二个起跑点上，若是持续采用旧模式来响应新人生，那么在跑道上冲刺得再快，恐怕也只是劳心又劳命，难以跑出梦想中的新局面。

○ 值得感恩的小确幸 ○

> 即使是王子和公主的婚姻，一心期
> 待对方按照婚前的方式对待自己，恐怕
> 只会以失望收场。

我想，无论是谁看到下面这段影片，内心都会感到一阵
触动。

一位老父亲站在神父面前，准备将宝贝女儿的手交给新
郎之前，语重心长地讲了这么一段话。他提到，女儿来到这
个世界上时，他是第一个把她抱在怀里的人，起初，他向上帝

祷告,希望女儿像妈妈一样可爱大方、善良温柔,上帝应允了。

接着老父亲又祷告,希望女儿有部分也能像自己,因此女儿不只会开卡车、拖拉机,个性也很聪明冷静,主意特别多。最后,他又跟上帝说:"主啊!也让她像你吧!"上帝也答应了,于是给了她一颗愿意侍奉人的心,还成为护士协助许许多多的病人。

当女儿拥有上述一切条件后,老父亲又开始若有所失,觉得女儿的人生好像还缺少了些什么,便又祷告说:"主啊!让她幸福快乐吧!"于是,新娘就遇见了新郎,脸上还洋溢着前所未有的幸福笑容,让父亲感到非常欣慰。

致辞尾声,老父亲一改诙谐,以认真的口吻对新郎说:"今天,我要把我最好的给你,但在此之前,我要你记住,我和上帝花了多少功夫才把她预备好……我和上帝费了这么大的功夫,你可别搞砸了!"

老父亲语毕,新郎笑着落泪,直点头答应,观礼现场也响起了如雷般的掌声。

调整对彼此的期待值,够好就好了

好美的一幕,可不是? 然而当王子从岳父大人手中接过公主的手,并且承诺绝对不会搞砸之后,两人就能如童话故事结局般,从此过着幸福快乐的日子吗? 当然不可能! 实情是,王子就是很有可能会搞砸事情,公主如果没有这样的心理准备,婚姻关系恐怕很快就会告吹。

如同完美的人生并不存在,世界上也没有任何一段关系可以百分之百令人满意。更何况人非圣贤,每个人都有弱点和需求,本来就不可能表现得完美无缺,或无时无刻都符合另一个人的标准,即使是王子和公主的婚姻,若是没有事先认清到这点,一心期待对方按照婚前的方式对待自己,恐怕只会以失望收场。

每个人在经营跟自己的关系时,道理也是一样,偶尔我们也要懂得"放自己一马"。

在准备第二个硕士学位的论文提要时,我同时在忙着撰写新书,以及从事医院的实习工作。好不容易,某天,趁空档到影印店将口试本输出成册,心想一切顺利的话,隔天就可以寄给口试委员们。

哪知道，回到实习机构仔细翻阅后才发现，因为事先忘了将档案转存成 PDF 文档，导致有好几页的版面内容都走位了，标题明明该在页首的位置，印出来却跑到页尾，我看了差点没晕倒，心里也开始起了挣扎。

重印？还是不重印？黑天使率先发难，用指责的语气说："你怎么这么不注意呢？这种编排内容怎么可以寄给口试委员们？要是他们因此不高兴，口试时刻意在这件事情上做文章，怎么办？"

听黑天使这么一说，我有一股想再赶去影印店一趟的冲动。然而另一方面又觉得已经够忙了，还要这样跑来跑去，真的好累，而且为了那几页就要重印四本，也蛮浪费纸张资源的……

正想着，白天使登场了，并且试着安慰我，说："你已经很努力了，而且口试本又不是论文，只要跟委员们解释原因，承诺下次会注意就好了，这次出了些小差错又有什么关系呢？"

最后我选择采用白天使的涵容观点，谅解自己在百忙之中的疏忽，但也还是谢谢黑天使的提醒，我知道它们都是希望我好，只是表达的方式不一样罢了。

　　碰到生活中的一些大小危机时,每个人都可以尝试类似的对话练习,学习让"白天使"来成为你的内在支持系统,以免因为陷入无止境的自我控诉,而耗费了心神。

　　一个更为重要的概念是,当一个人可以发自内心的自我接纳跟和解时,自然也会比较容易宽容他人,甚至接纳对方因为本身的限制而带给你的失落经验,比方说,对方没有按照期待的方式来关切你。

　　无论是要做到"谅解"还是"原谅",都不是一件容易的事,除非先降低对人、事物(包含对自己)的期待值,让一切回归本质,认识到任何人都可能会犯错,任何事情也都可能会出错。如此一来,当遇到他人没有犯错、事情没有出错时,反而会成为生活中值得令人感恩的小确幸。

○ 放下对"应该"的执着 ○

认真想一想,人生哪来那么多的"应

该"呢?

这大概是流传在城市角落里,最动人的故事之一。

广告人出身的他,开了一间创意小店,专门收藏、展示和贩卖自己喜爱的设计商品。友人得知他的喜好,特地送来一只德国泰迪熊玩偶,"这是我之前到德国出差时,为孩子买的礼物,"友人抚摸着玩偶的左手臂,语带惋惜地说,"后来,孩子不小心把玩偶手臂弄断,就不想玩了,我觉得丢

掉可惜,不知道你有没有兴趣收藏?"

　　他将泰迪熊拿在手上端详了一会儿,发现虽然它有些残缺,设计却非常精致,便决定留了下来。有天灵机一动,他还在泰迪熊的左手臂接上一只爱迪生灯泡,让许多客人都爱不释手,但无论对方开价多少,他就是不肯卖。

　　直到有天,店里来了一对母子,看到左手捆着绷带的五岁小男孩,在泰迪熊玩偶前面驻足好久,他便主动上前招呼:"嗨,小朋友,你好像很喜欢这只泰迪熊喔?"小男孩点点头,随即躲到妈妈的后头。

　　"别怕,叔叔只是想跟你聊天,"小男孩的妈妈随后抬头向他解释,"这个孩子自从左手受伤之后,个性就开始变得很自卑,也不太敢跟陌生人互动。"妈妈讲述的同时,小男孩的眼泪也如豆子般从脸上滑落,让他看了好心疼,决定将这只手臂同样受伤的泰迪熊玩偶送给小男孩。

　　"小朋友,你看,虽然这只泰迪熊的手手也受伤了,但是叔叔帮它接上这只亮亮的灯泡之后,它就会发光了耶!"他接着说,"叔叔知道手手受伤的事情,让你很难过,所以叔叔要将这只熊熊送给你,让它陪伴你一起长大,以后你有什么伤心难过的事情就告诉它,熊熊就会用亮亮的灯泡为你加油,好不好?"

"嗯！谢谢叔叔。"开心地将泰迪熊玩偶拥入怀中，小男孩破涕为笑，一旁的妈妈也跟着感动不已。那一刻他终于明白，原来这只残缺泰迪熊的存在并非偶然，而是预备好要在这天成为小男孩的安慰。

残缺的意义是为了圆满他人

故事中的那只泰迪熊，本出身名贵。当主人用高价将它从百货公司带回家的时候，哪想得到有天它的手臂会被弄断，沦为二手瑕疵品呢？

人生，本来就充满了一连串的意外。我们常以为所谓的幸福人生，就是日子过得一帆风顺，无风、无雨，也无浪。然而说实话，若是真的一辈子都风平浪静，这样的人生反而又显得乏味无趣，更何况，那根本是不可能的事，因为人生不会永远照着自己的意愿发展。

一旦"外在现实"跟"内在期待"两者之间出现了落差，那么对个人来说，就等同面临环境上的阻碍或困难。这样的情况，还会引发强烈的内在冲突，让人因此陷入不快乐的循环

当中。

身为心理助人工作者,我最常听到求助者说的一句话就是:"别人应该怎么样怎么样……"注意到句子中的"应该"那两个字了吗? 很多心理问题的症结点,或是人际关系的冲突点,归根究底就是出在个人心中存在着太多"应该"。

每当感觉不开心的时候,我就会静下心来想想,自己怎么了? 别人怎么了? 或者是事情怎么了? 结果发现很多时候的不开心,其实都是内心的"应该"魔咒在作祟——那个"应该"在我内心形成对某人某事的期待,当现实不符合期待时,负面情绪跟思维也随之而来。

有期待,乃是人之常情,但除非想一直陷在不快乐的旋涡里,或是永远绕着外在人事物打转,任由外在环境主导心情,否则的话,还是得要练习适时阻断"应该"魔咒,以免越陷越深。

况且认真想一想,人生哪来那么多的"应该"呢? 若是别人不愿、不想,或是无法按着我们期待的方式响应,沟通无效的情况下,与其陷入无止境的拉扯,不如转而评估自身的底线,以及当对方踩线时打算作何响应?

我特别喜欢神学家尼布尔的这段祈祷文:"亲爱的上帝,

请赐给我雅量平静地接受不可改变的事，赐给我勇气去改变应该改变的事，并赐给我智慧去分辨什么是可以改变的，什么是不可以改变的。"

人生不仅充满意外，当中还有许多是根本无从改变的事实，所以真的没有什么应该或是理所当然。有些事情发生了就是发生了，你当然可以花时间伤心难过，也可以放任自己怨天尤人一阵子，只不过擦干眼泪之后，不要忘记，未来的日子还是要继续过下去。

或许走着走着，哪天我们会惊讶地发现，原来生命中那只泰迪熊之所以残缺，是为了可以在某年某月某日，预备成为某个人的祝福。

○ 提早认清生命的重点 ○

　　　　鼓励现在的你,不妨开始检视当前
生命,列出各项事务的优先级之后,再按
照比例原则来分配时间筹码。

　　"时间是最珍贵的生命资源",相信能够深刻体认这句话
的人,不是年纪轻轻就曾历经丧亲之痛,顿悟到人生无常,就
是要等人生历练到一定岁数,惊觉青春活力不再,才不得不
接受这样的现实。

　　至于要活到几岁,才会使一个人对生命有所顿悟,则是

因人而异。毕竟每个人都是独一无二的存在，因着心理特质的差异，被同一外在事件触动的程度，也不一而足。

偶尔我会遇到一些已届耳顺之年的人，走过三分之二的人生岁月，才开始回头检视过往一生，然后面带遗憾地说："如果有些决定或努力，我能够早个 10 年或 20 年就知道要做，生命也许就不只是现在这个样子了……"

听起来确实有些令人难过。碰到这种情况，除了先给予同理，并视情况进行必要的感同身受，我也会带领对方慢慢接纳一个事实，那就是"人生，永远不可能重来"，所以不妨学习将焦点放在现在，想想看，可以为现阶段的生命做些什么，避免未来的自己重复过去的懊悔感受。

另一方面，我也常将类似的问话套用在自己身上。自从 28 岁突然遭逢可能失去家人的冲击，接下来几年又有三位高龄至亲过世，而后又亲身经历过交通意外的威胁，"死亡"这两个字对我而言，早已经不陌生。

死亡，是一种典型的边界经验（Border Experience）。当一个人与死亡靠得越近，脑筋往往越清楚，对于何谓生命的重点，答案更是越发清晰。

三十几岁的你，即使拥有不少时间本钱，也可别因此把

自己当成"富二代",任意挥霍大好时光;若想赢在第二个人生起跑点,好在人生下半场扳回一面,那么就要反过来主导时间分配,不要总是被别人牵着走,甚或决定你该怎么活。

鼓励现在的你,不妨开始检视当前的生命,列出各项事务的优先级之后,再按照比例原则来分配时间筹码。如同一般的投资原理,当你学会如何重点投资,将手中的筹码最大化,才可能在未来的某一天,收获到可观的生存资本,像是阶段性的目标达成。当然,这样的"有效分配"也同时意味着,无须把每件事情的重要性都排在第一,或自我要求做到一百分。

奉行"80分哲学",不用凡事尽善尽美

回顾走来的这一路,我发现自己最大的改变就是,不再要求凡事尽善尽美,也不再以一百分为努力的目标,甚至于还给自己立下一个"80分哲学"——只要所有的角色分数加总后,平均有达到80分的水平就可以给自己拍手了。

再以学业分数来做比喻。攻读第二个硕士学位期间,我在那些比较感兴趣的心理方面专业科目上,分数普遍落在85

到 90 分，相较之下，向来无感的科目《研究方法》只得到 79
分，落差颇为悬殊。但对于这一点，我个人既不意外也不介
意，打从一开始，我就不太将学习精力投注在这门课上，成绩
结果只不过是反映出这个事实罢了。

我很清楚自己现阶段的学习重点，以及想从每个科目当
中学到什么，不会动不动就高举"凡事都应该尽力"的准则，
来跟自己过不去。善用时间筹码的结果，我得到的现实回报
是在念书之余，依旧保持常态性的写作，并推动新书在大陆、
香港和台湾地区上市，另一方面，还能持续心理治疗中心的
实习工作，以心理助人专业来协助受苦中的灵魂……

正如人生没有十全十美的道理，随着人生阶段的变化，
我们也不可能总是完美胜任每个角色。有时候，看到大家想
当个好员工，天天努力加班，却因此剥夺了和家人的相处时
间，无法在为人父母、为人子女、为人伴侣的角色上，取得高
分，所以才会鼓励大家，先检视生命中的优先级，再合理分配
时间资源。

身为畅销书《这一生，你为何而来》的作者，美国斯坦
福大学企管所教授麦可雷伊对于时间管理的建议，说得更
直接。他在书中表示，所谓的均衡不是把时间均分在每个

大小事情上,而是要有"投入的焦点",也就是优先处理那些关键而且重要的事情。

他还举了一个有趣的例子。文中提到,有个老师在课堂上,分别以大石头代表重要事务,小石子、沙子和水代表琐碎小事,请学生思考一下,先在容器中放进大石头,和先把小石子、沙子和水装进容器,两者会出现什么差别?

结果是,先摆大石头,容器里还有很多缝隙可以放小石子和沙子,最后再倒一些水进去也没问题;反之,若是一开始就先把小石子、沙子和水都倒进去,让它们扎扎实实占满了容器,想再放进大石头就很难了。换句话说,当我们把时间、精力都耗费在处理琐碎小事上,反而会把大事搁置在一旁,导致生活失去了真正的焦点。

我喜欢作者所主张的,要每个人"活在自己的时间里"。无论现在的你,正在扮演着哪些生命角色,我知道肯定都不太轻松,因为每一个角色背后都有一群关系人,等着你好好去应付。处境听起来有点悲哀,但换个角度想,至少你还拥有分配时间的主导权。所以,好好善用"时间"这项投资工具吧!让它为你创造出生命的最大值。

◎ 安顿过去，尽情活在当下 ◎

幸福的片段稍纵即逝，认真活在当下的人，才有机会细细品尝片刻的美好。

这是一部关于阿兹海默症的电影。

向来以高知识分子身份为傲的她，怎么也想不到 50 岁那年，就得面临记忆逐渐流失的重大打击。

生病之前的她，是一位享誉全球的语言学专家，不仅拥有漂亮的博士学位，还在一流学府担任教职。每天除了教书、演讲之外，就是跟家人一起度过许多美好时光，羡煞许

多人。

直到有次,正在进行一场大型演讲的她,突然一个恍神,脑中一片空白,什么也想不起来,失智警讯自此出现在她的生命中。再加上,热爱跑步的她,发现自己竟然连熟悉的校园都认不得,便知道情况严重了,必须赶快就医。

检查结果出炉,神经科医生慎重宣判,她罹患了早发性阿兹海默症,而且因为是遗传性的基因变异,她的记忆流失速度,还会比一般患者来得快。

她当然无法接受这样的事实,却也无可奈何。眼见脑子越来越不管用,一些基本生活单字开始记不起来的时候,内心的绝望程度也随之加深。甚至,她还利用独自在家的机会,录制了一段影片给未来失智的自己,教导那时的她如何结束生命。

幸好,她还有真心爱她的丈夫和三个孩子,无时无刻地陪伴在她身边;也幸好,后来的她没有真的走上自我了断一途。

即使没多久之后,记忆力恶化到几乎连家人都不认得,还丧失表达能力,她仍始终记得"爱"这个单字——那正是她在失智之后,唯一拥有的东西——至于那些曾经让她引以为豪的专业知识，早已化为一缕轻烟，随风而逝。

一切的转变正如同先前，她在一场以阿兹海默症为题的演讲中所言："罹患阿兹海默症之后，我就告诉自己要活在当下，因为现在我所能做的也只有，努力活在当下……"

开放五感经验，专注现在进行式

电影女主角说的一点都没错，人要活在当下，因为当下，即是最美、最珍贵的生命记忆。

让我们试着将失智这件事比喻成世界末日。比方说，一年之后，所有关于过往的生命记忆都会一笔勾销，你甚至不再认得自己是谁，那么从现在开始，你会选择做些什么事情？过什么样的生活？

或许有人会说，失智哪能跟世界末日相比，后者牵涉的可是全地球人类的毁灭啊！但是若再进一步想想，当一个人被失智夺走了"自我感"时，冲击之大，又何尝不是个人世界的崩坏呢？至少对我而言是如此。

搞不好，这也是我为什么要那么认真写书的原因之一。可能在潜意识里，我怕哪天真的会忘了自己，或是忘了这一

生做过什么事情,所以才要透过书写来记录,留待日后慢慢回味。

写书对我的另一层意义是,安顿过去。从小我就是个念旧的人,印象中,中学的毕业典礼上,我总是哭得稀里哗啦,事后回想也不是真的多舍不得同学,我比较舍不得的,是要和自己的青春岁月告别。就连面对 20 岁生日的到来,也没有一般人会有的开心反应,取而代之的是对于岁月流逝的无奈和感叹。

大概是到三十几岁的时候,我才比较能做到所谓的"活在当下",很大一部分的原因是,我开始借由书写来整理过往生命。因为当过往的纷纷扰扰、是是非非,又或者是各种开心的、难忘的动人回忆,都被以文字的形式一一安放,心灵适度清空了,才有办法腾出空间来完整体验当下,收纳新的动荡或美好。

原理近似后现代心理治疗中的"叙事疗法"。这个疗法鼓励个案叙说自己的生命故事,然后在专业心理师的协助下,重新发掘事件蕴含的深刻意义,找到继续往前走的内在力量。这就是一种安顿。当一个人不再活在过往生命情节里,或是卡在回忆的枝枝节节里,心灵才会真正变得轻松,也才会有余力去开放五感经验，尽情享受当下。

也许我们都该感到庆幸，不用等到像电影中的女主角，罹患了阿兹海默症之后，才体悟到要"活在当下"的道理。而也唯有活在当下的人，才不会经常陷溺在过往的悲情事件中，或者不断地对未来感到担忧。

缅怀过去或规划未来都是好的，但过犹不及，总是活在"过去式"或"未来式"的人，很难真正地活出"现在进行式"。偏偏，幸福的片段稍纵即逝，认真活在当下的人，才有机会细细品尝片刻的美好。纵使哪天脑子不管用，美好回忆全忘光了，或许至少还能保有当下发现幸福的能力。

05

相信命运永远有他的美意

帮助你看懂上天美意，
一步步完成此生使命

○ 你想留下什么精神遗产给世界？ ○

不妨开始盘点你所拥有或有能力创
造的"精神遗产"有哪些，然后用行动付
诸实践，所谓的生命意义便会慢慢浮现。

从小，我们就被教导"助人为快乐之本"的道理，但在这
个新鲜人起薪只有 20000 多新台币（4000 多元人民币）的年
代，很多人难免觉得都自顾不暇了，哪有心思去帮助他人呢？

在这种高举现实的原则下，人人自扫门前雪，好像也不
是什么大不了的问题，要是自个儿连日子都过不下去的话，

讲什么其实都是多余；不过，若是再进一步想想，到底要赚多少钱、月薪要领到多少，日子才算过得下去？对每个人来说就标准不一了。

那种情况就如同，长年在台湾东部菜市场摆摊的陈树菊阿嬷，即使每天卖菜赚的收入很有限，还是省吃俭用捐钱给穷人付学费和健保费，还因此被美国《时代》杂志评选为2010年"全球百大最具影响力人物"，跃上国际媒体版面；然而另一方面，社会上也不乏许多富人，有的只顾吃喝玩乐，有的即使定期捐赠大笔款项，主要目的也是节税，而非单纯奉献。

因此说穿了，钱，只是一个指标，真正标示出一个人内在的是什么？一个真正以人群福祉为念的人，即使经济能力有限，甚至无法直接以金钱贡献，仍然会采用其他形式来付出爱和关怀。

为世界播下一颗爱的种子

有个五岁的美国小女孩，某日照常跟着母亲到镇上的一家超市购物，当母女俩提着大包小包走出门口，突然碰上一个游民来乞讨。"妈，我们可以买个三明治给他吃吗？"女孩

的小脑袋瓜无法理解,为何眼前的这个游民已经挨饿好几天,却无人伸出援手,便主动央求母亲协助,而母亲也确实照做。

或许是被这样的经验震撼到,自此,小女孩只要在街上看到饿昏的游民,总会拉着母亲去买食物给他们。帮到最后连小女孩的母亲也吃不消了,只好告诉她:"乖,宝贝,这个社会上需要帮助的人实在太多了,我们家的经济能力有限,不可能帮助到每一个游民……"

"可是他们真的好可怜喔,有没有其他解决之道呢?"眼里噙着泪水的小女孩不想接受这样的事实,但碍于年纪小、没有赚钱能力,只好开始动脑筋想想其他解决方案。

"嗯……或许我们可以试试其他的方式,"为小女孩拭泪的同时,母亲也温柔地建议,"我们可以在院子里种东西,采收之后再分给游民们吃啊!"

"耶!真的是太好了!"小女孩兴奋地又叫又跳,当天回到家,马上跟着家人一起拿锄头将院子改成小菜园,种起各类蔬果,虽然几个月后的总收成仅仅一小包,但没过多久,便开始有街坊邻居仿效起小女孩,陆续投入到种植的行列。

随着技术的进步,农作物的收成越来越多,每隔一阵子,小女孩都会利用课后时间或假日,将集结来的蔬菜和水果分装成一小包,拿到镇上的贫民区发送。几年后,看到满足了越来越多穷人和游民的需求,小女孩又突发奇想向母亲提出一个构想:"游民虽然有东西吃,却没地方住,我想替他们盖房子,让每个人都有个家。"

"让每个人都有个家? 这根本是不可能的事啊!"这一回母亲可就不敢乱出主意了,就怕小女孩越来越异想天开。

"妈,请让我试试吧!"为了落实这个极具实验性的想法,小女孩先是画起一张张的草图,接着在家人的共同协助下,用一些回收的木材和牛仔布作为建材,开始动手盖起一间间小木屋,每间小木屋的面积约三平方米,完成后再用拖车将其送到需要的地方。

如同先前的种植得到邻居的响应一样,当地一家建材公司得知小女孩的善行,承诺将免费提供建材,一家女性用品公司也主动捐出商品给女游民,另外来自世界各地的捐款也持续涌入,让小女孩可以为游民买书、衣服及一些日常用品。

借由脸书推广,小女孩的故事传遍世界各地,在其他国家有民众受到激励,也开始用行动协助自家附近的游民。而当媒体问起小女孩长大后想做什么时,原以为会听到什么惊

人答案或是伟大的梦想，没想到她却一派率真地说："当我长大之后，我想成为游民小屋的管理员。"那年，小女孩九岁。

用行动彰显存在的意义

相信很多人都一样，无论是从朋友口中还是传播媒介，只要听闻类似的善心故事，心里总会涌起一股暖流，感觉这个世界即使有再多的不堪，也仍旧有美好且充满希望的一面。

当我看上述那个真实故事时，心中除了满满的感动，也同时在想，那些在小女孩脸书写着"这个世界需要更多像你这样的人"的网友们，是否曾经想过，自己也可以成为被这个世界需要的人呢？还是自认为是小螺丝钉一枚，拯救世界的重大责任留给别人扛就好？

我无从得知网友们的答案，但邀请正在阅读这篇文章的你，不妨也思考一下自己的回答是什么。虽然人到30岁姑且称不上老，在偶像剧里顶多也只被定位在"轻熟"阶段，但以平均寿命80岁来算，大好时光倒也消逝了将近一半，因此预先假设一下，当有一天真的要告别人世间，你希望留下些什么在世界上呢？

在我早期的出版作品中，作者介绍那一栏总是写着"希望让世界变得更美好"这项使命，然而讽刺的是，22岁到31岁当记者的近十年间，我所做过真正有益于大众的报道，大概只占了半数，其余尽是些配合新闻台需要，而做出的危言耸听或是鸡蛋里挑骨头的报道内容。

离开新闻圈之后，即使前途未卜，日子一度过得苦哈哈，心里却很明白自己是在做对的事情，而坚持至今也算有了回报，现在的我所投入的每一件事情，无论是写作、出版，还是从事心理咨询工作，都是在为这个世界注入爱和关怀。

苹果计算机公司前执行长史蒂夫·乔布斯（Steven Jobs，1955—2011），曾经说过一段话："Your work is going to fill a large part of your life, and the only way to be truly satisfied is to do what you believe is great work. And the only way to do great work is to love what you do. If you haven't found it yet, keep looking. Don't settle. As with all matters of the heart, you'll know when you find it."

这段话的意思，简而言之就是在提醒大家，正因为工作占据了人生太多时间，才更要努力找出内心的热忱所在，然

后真心热爱你所做的伟大工作，这样的人生才会令人感到心满意足。

　　我也一直深信，每个人都有一条独特的生命道路，以及用来祝福这个世界的方式。若是现阶段的你正渴望寻求生命的意义，不妨开始盘点你所拥有或有能力创造的"精神遗产"有哪些，然后用行动付诸实践，所谓的生命意义便会慢慢浮现。

○ 预设停损点，真心享受付出的喜悦 ○

当付出的一方跟接收的那一方，两
者都能从互动中得到满足时，助人，才会
真的成为你的快乐之本。

一晃眼，这种乞讨维生的日子，已经不知道过了多少个
年头。虽然论年纪，他不算是邻近一带最年长的乞丐，但友
善且乐于助人的个性，却让他成为其他乞丐眼中的意见领
袖，对他敬重有加。

有天，他在街口行乞，一位白发苍苍的长者迎面走来，直

接开口问:"小伙子,我肚子好饿,你有东西可以给我吃吗?"

"什么?"他瞪大了眼睛,心想,这位看起来风度翩翩的长者,应该比他富裕不知道多少倍,竟然反过来向他乞讨,这是在捉弄人吗? 迟疑好一下子,后来他还是将袋子里仅存的半块馒头递给长者:"拿去吧! 这是我今天的晚餐,既然你说肚子饿,那就给你吃吧!"

长者接过半块馒头,咻,一转眼就消失在人群中。这下来换他烦恼了,那阵子因为天灾不断,家家户户的收成都不好,一整天下来,乞讨碗里空空如也,他只好拖着疲累的身子回破庙休息。

睡梦中,那位长者又再度现身,还笑嘻嘻向他道谢:"小伙子,谢谢你今天将仅剩的半块馒头给了我,为了报答你,明天记得确认一下袋子喔!"

隔天醒来,他半信半疑地搜了搜袋子,果真摸到一颗硬沉沉的东西,拿出来一看,竟然是黄金! 袋子里连食物都没有了,哪来的黄金,他又用牙齿用力咬一下:"唉呦,好痛,真的是黄金耶! 感谢老天爷,感谢老天爷……"对着天空连磕了好几个头,他赶紧把金子拿去典当换现金,如愿以偿地开了一家小面馆,经常免费为穷人供餐,不久后还娶了个美娇娘，发迹过程羡煞许多人。

　　他十分满意眼前的生活，唯一的遗憾是没能亲自向长者道谢，因此他经常在心里暗自说着："虽然我不知道你是谁，但如果可以，请让我亲自向你说一声谢谢，好吗？"

　　日子一天一天过去，依旧不见长者的踪迹。直到某日午后，他正忙着打扫工作，耳边突然传来熟悉的那一句："小伙子，我肚子好饿，你有东西可以给我吃吗？"抬起头发现长者终于现身面馆，他顿时喜极而泣，但激动之余，仍不忘幽了长者一默，说："可是我只有半块馒头喔！"

放下得失心，才能做到不求回报

　　如果你是故事中的那位男子，袋子里只剩下半块馒头，给了别人自己就没得吃，你还会舍得拿出来吗？

　　曾经看过一则类似的新闻报道，有一位年轻男子在彩券行买刮刮乐，正犹豫要选哪一张的时候，身旁突然来了一位六十多岁的老妇人，用闽南语向他乞讨："少年仔，可怜阿婆一下，我好几天没吃饭了！"年轻男子动了慈心，大方请老妇人到隔壁面店吃牛肉面，随后转念一想，根据人物译码参考

表上的数字,选了一张跟老人生日数字有关的刮刮乐,最后还真的让他幸运刮中 100 万元新台币(约 21 万人民币)。年轻男子欣喜若狂,冲到隔壁想向老妇人道谢时,发现对方已经不见踪影,询问附近居民,大家也说不曾看过这名老妇人,让他惊呼太不可思议……

平心而论,比起故事中的乞丐,年轻男子面临的选择并不难,因为请老妇人吃面并不会让自己饿着,但共同的难得之处在于,两个人都具备了不求回报的助人精神。可别轻看这样的特质,尤其是利益当道的年代,有时连和自家人的账目都算得一清二楚了,遑论要伸手帮助毫无血缘关系的陌生人。

让我们来试演另一套剧情。想想看,若是乞丐面对长者的索讨,不客气地回呛说:"有没有搞错,你看起来明明就比我有钱,我为什么要把食物分给你?"新闻中的那位年轻男子,也把老妇人视为骗吃骗喝的怪人,继续选他的刮刮乐……诸如此类的这些反应,似乎也情有可原。

真相到底是什么? 我们都不得而知,既然无从求证,何不先反过来为自己设立一个停损点,那么即使日后发现对方并没有想象中可怜,也不至于感到生气或难过。此外,停损点的设立也能帮助你放下得失心，享受单纯付出的喜悦。

在日常的人际关系里，最常碰到的一种情况就是同事或朋友在兼做直销，一有机会就热切地介绍适合你的产品，当然了，每个人都会标榜自家的产品最好，但自己不可能每一家产品都买，碍于人情世故又难以推辞的时候，我就会先预设一个付出底线。

举例来说，曾经有人积极向我推荐营养食品 A，一瓶要价两千多块，起初我就明确表达没有购买的意愿，但禁不起对方的推销攻势，加上一直知道她有经济上的需要，心念一转，便告诉自己，"那就买个产品，当作是给她的支持吧！"

但要如何在帮助她的同时自己又不感到委屈呢？我后来采取的变通之道是，委婉推辞她原先推荐的 A 产品，改从目录中挑了相对便宜实用的 B 产品，结果皆大欢喜。同时也在心里打定若是她再介绍产品，我也不会再多买，因为那已经超过我对她的付出底线了。

类似的设限练习非常实用，也很重要。有些时候人跟人之间关系之所以紧张，甚或发生冲突，大多是因为在互动之初不懂得设限，压抑到受不了了才猛然爆发，做出难以收拾的破坏行为。

　　懂得体贴他人的需要,或是愿意在能力范围内为他人付出,都是很值得赞许的特质,然而过程中,也别忘了要顾及自身的感受。当付出的一方跟接收的那一方,两者都能从互动中得到满足时,助人,才会真的成为你的快乐之本。

○ 允许他人保有自己的防空洞 ○

当心灵开始拉警报，就是在通知你
要躲进防空洞避难一下下了。

　　有些时候，我们所能给予他人最大的善意，并非直接做
些什么，而是采取间接作为，让对方保有自己的空间，外在和
内在皆然。
　　外在空间的概念不难理解，指的就是那些像是房间、书房之
类的实体空间；内在空间则比较抽象，指的是个人内在的那座心
灵花园，或是不愿向他人敞开的一面。允许或尊重他人保有内、

外在空间,这说来简单,施行起来却相当不容易,尤其是面对自己在乎的人,基于不安全感或是无法交托信任等因素,这样的空间弹性时常难以拿捏。

更何况,即使是面对一般人,我们也常会好为人师地热心给建议,发现对方没有照意思去做,还会因此感到不满或生气。殊不知,那些到我们面前诉苦的人,多数时候需要的不是意见而是倾听和理解,也就是单纯想找个防空洞避避难。

有个女孩正值青春期,加上熬夜念书的关系,脸上不时冒出一颗又一颗的青春痘,急得她赶紧向皮肤科医生求救。"医生你看,我的脸上一直在冒青春痘,怎么办?"女孩愁容满面地央求。

"在你这个开始爱漂亮的年纪,脸上长青春痘一定让你心里很难过,"医生除了同理女孩的心情,也教导女孩如何从日常饮食跟生活作息着手,慢慢调整内分泌的问题。最后,还拿出一块医疗用人工皮贴布,递给了女孩,说:"下次试试看不要用挤的方式,改贴一小块人工皮,保护伤口,可能会恢复得更快喔!"

女孩照做了。几天后,撕下人工皮之后发现,原本红肿的青春痘竟然变平而且愈合了。隔周回诊时,女孩将这件事情告诉医生,但也好奇为什么这么神奇:"难道是上面有什么特殊药效吗?"她问。

"哈哈哈!"医生笑着向女孩解释,"那只是一块单纯的贴布,它之所以会发挥作用,是因为帮痘痘阻隔了外来细菌的感染,让发炎的伤口有机会慢慢复原。"听完医生的一番话,女孩才终于恍然大悟,开开心心地回家了。

给心灵一个喘息修复的空间

无论是脸上长青春痘,还是身体上的割伤或擦伤,都需要借由涂药、隔离保护伤口的方式来修复,这一点我们很容易就可以理解;相较之下,心理的创伤因为看不见也摸不着,反而常常被忽略,导致伤口越来越大,或迟迟无法复原。

因此,面对那些第一次走进咨询室的求助者,我最常做的事情就是先进行心理疏导,让对方明白自己的内在发生了什么事,以及为什么内在世界的变化,最后会反过来主导外在一切,导致生活失序;其次,则是会安抚对方,前来寻求咨询协助非但不是弱者的表现,反而还是一个勇敢的决定,因为在检视和照护内在伤口的过程中,需要具备更大的生存

勇气。

这时候,咨询室就像是一个心灵防空洞,可以有效隔离外界纷扰,让求助者安心表达真实的想法和宣泄深刻的情绪。而即使是在这样的空间里,我仍然会尊重求助者的说与不说,以及离开咨询室之后的做与不做的决定。

实际上,有些心灵修复工作可以再做得更早,像是为自己安排一段放空的小旅行、布置一个专属的室内空间等等,只要不是毁灭性的行径,任何可以让心灵喘口气的方式都可以。而且也真的很鼓励,每个人都去尝试找出适合自己的防空洞,就我本身的实际经验来说,阅读和写作是很好的心灵修复之道,另外像是独自驾车从山的这一头开到另一头,这种被我命名为"转山"的外在形式,对于内在能量的灌注也很有帮助。

这也让我想到,每次带着猫儿子回老家,在袋子里待了三个多小时的它,出来做的第一件事竟然不是吃喝拉撒,而是躲进床板间的缝隙,通常得待上好一阵子,它才会放心地出来四处走动。我曾经认真考虑过要不要把缝隙堵起来,免得猫儿子跑进去弄得一身灰,但后来还是作罢,因为我知道依照猫咪容易紧张的个性,它确实需要一个隐秘空间来建立安全感。

猫咪都如此，何况是人呢？普遍来说，人们为了生活而忙碌、为了生存而战斗，即使有时因为某人某事而感到受伤，还是选择故作坚强，直到伤口不断发炎溃烂才不得不去面对，反而拉长了复原期或影响到复原效果。

不管貌似多么坚强的人，心，都有需要被怜惜的时候，当心灵开始拉警报，就是在通知你要躲进防空洞避难一下下了。如同人工皮贴布之于青春痘的阻隔作用，心灵防空洞的作用，也有助于抵挡外来的负面刺激，让内在创伤得以静养。

当一个人真实体验过类似的复原机制，那么回过头来也会比较能够理解，为何他人会需要偶尔的避难，进而给予对方适度的时间跟空间来作为一种精神上的支持。而就算是付诸实际的关切，乃至于提供建议，也仍要尊重对方自己做选择的权利。这样的尝试有点难度，但很可能最后会发现，这么做反而更能赢得他人真心的感谢。

○ 用心发现生命中的天使 ○

> 那些不管以任何形式或角色出现在
> 生命场景中的人,都有他所要教导给我
> 们的功课。

人常常都是这样,似乎总要等到遭遇的事情够多了,才
有办法发自内心承认,有些时候,真相并非我们所想象的
那样。

分享一下这部爱情电影吧!

一场交通意外,让撞车的女孩误以为男孩就是自己的

救命恩人，一段暗恋故事也就此展开。为了每天能够见上男孩一面，女孩先是跑到他最爱的咖啡馆应征服务生工作，后来还一度偷偷跟着男孩好一段路，正想佯装是巧遇，却在一个转弯处，撞上同一所学校的怪怪学长。

"学长，你怎么会出现在这里啦!"一脸涨红，她的视线仍旧舍不得从男孩身上移开。顺着女孩的视线望过去，怪怪学长热心地问:"你为什么要跟踪那个男生? 他欠你钱吗? 要不要我去帮你讨回来?"

"不用你管啦!"女孩气坏了，心想这人还真的是怪耶，不只经常穿着女生比基尼上课，还抱着一颗大白菜到处跑，更让女孩为之气结的是，好不容易有机会接近心仪的男孩，竟然被他的出现而搞砸了。

但那还不是最惨的。随着跟男孩互动频率的增加，女孩绕了一大圈之后才从男孩口中得知，其实他并不是一个凡人，而是天使。之所以常常出现在这家咖啡馆，是因为生前和咖啡馆的老板娘是一对情侣，开店前夕，一场意外夺走了男孩的性命，但他心里放不下心爱的女友，才会每天到店里陪伴老板娘，同时等待一个能够看得见他的人，好替他完成最后心愿——鼓励女友放掉过去的悲伤，重拾新生活!

女孩就是那个看得见天使的人,不仅如此,怪怪学长也看得见。为什么他们两个都具备这样的条件呢?原来啊!男孩真正的身份不只是天使,更是负责撮合女孩跟学长的月下老人,先前的那些偶遇,其实都是天使男孩的刻意安排。

比方说,男孩知道学长何时会经过路口,便故意吸引女孩跟随,制造出两人在街角"撞见"的机会。"爱情,需要的巧合比你想象中来得多,"最后,男孩还告诉了女孩一个实情,说当初勇敢为她用肉身挡车的人,其实是那位怪怪学长,不是他。

真相,让女孩哭了,并且在心底打定:再也不要错过属于自己的幸福了!

天使的出现,是为了协助灵性提升

相信吗?其实我们都被天使围绕着,那些天使就是周遭和我们互动的每一个人。阅读过灵性成长书籍的人,对这样的概念应该不陌生,就是那些不管以任何形式或角色出现在生命场景中的人,都有他所要教导给我们的功课,只不过有时候对方未必知情,因为那是出自于一个更大意念(或称之为神）的安排，为的是帮助我们进化成为一个更好的人。

呼应电影中的动人爱情，在这里也来说说，一个我在现实世界听到的例子。有个女孩，打从情窦初开的年纪，感情世界就一路顺遂，总以为对方的付出是天经地义，态度也因而任性且自以为是。

直到生命中的某一年，那个女孩极为信任和依赖的情感对象，在两人分手后的几个月后就展开了另一段感情，这让女孩几乎要崩溃。她当然理解对方有交友的权利，也清楚分手是自己预先做好的决定……这一切的一切她都知道，但就是无法接受那个曾经把她捧在手掌心的人，竟然转身就能找到另一个人来取代她。

这场感情世界的暴风雨，让女孩得了重感冒，长达好几年。直到后来在某一本书看到"灵魂功课的老师会在任务完成后离开"这句话，她才逐渐感到释怀，也确实体会到自己是在这段感情创伤后，才被迫学会独立。

成长的代价很痛，却也让女孩体验到何谓真正的自由，即使感情路并未就此顺遂，心碎之余，她还是抱持着做功课的态度，坚定地完成一关又一关的情感修炼。而命运之神也没令人失望，终于让女孩在感觉做好下段人生旅途的准备之

后,碰上一个合适的对象,她也因此能够由衷感谢过去那一些曾经以伤害形式出现过的天使。

或许这一切的发生都是上天的计划。老天爷知道,女孩需要借由这些经历方能学会"珍惜",具备了这样的成熟态度之后,才有能力把握住他配好的那一位"Mr. Right";反之,一个尚未预备好的人,就算对的人如期出现在眼前,也可能会因为自己的不成熟而把关系搞砸。

当真正的幸福来临时,过往的是非对错便显得微不足道。重要的是,当天使已经完成任务,那么该挥别的时候就要勇敢放手,然后,好好珍惜当下的真实拥有。

◎ 相信命运永远有他的美意 ◎

> 人的潜力确实需要透过环境的适时
> 逼迫，才有办法像在收集滴鸡精那样，集
> 结到真正的精华。

　　每当遇到一些不在自己预料内的事情，人们常会说："老
天爷给我开了一个玩笑。"实际上，老天爷不是傻瓜，在我们
生命中当下的每一步棋，自有他的道理。

　　曾经听过一种关于幸运草的解释，颇有深意。幸运草，
学名叫作苜蓿草，一般而言都只有三片叶子，只有少数几株

会长出四片叶子,概率大约是十万分之一,因此罕见的四叶酢浆草,就被人们冠上幸运草的称号,借此象征好运或幸福。

人们都渴望好运降临在自己身上,因此常以幸运草作为一些符号象征,但你知道幸运草是如何诞生的吗?植物学家推测,四叶酢浆草的出现,很可能是因为辐射线伤害而造成基因突变,才"幸运"长出了第四片叶子。

很有意思吧?一件看似灾难性的事件,最后却成就了一株酢浆草的小幸运,使它得以在一片平凡的绿叶当中,更显突出。

人类的处境亦是如此,举凡那些曾经发生在我们身上的事情,正是老天爷(或称之为神、宇宙)用来激发我们自身潜能的工具。他深知,唯有借由这样的方式,惯于安逸的我们才会被迫整装上路,迈向心理学家荣格所谓的"个体化历程",用白话一点的语言来说,就是步上一段返璞归真而且勇敢独立的进化旅程。

老天爷丢出环境变化球,激发隐性人格

某天傍晚,偶然转到电影台,正在播出《爱的万物论》

（*The Theory of Everything*），这是一部半自传式电影，改编自英国物理学家史帝芬·霍金（Stephen Hawking）的故事。无独有偶，稍晚浏览网络新闻时，又看到一则关于霍金的科学讲座报道，开启了我对这位物理学家的好奇心。

已届 70 岁高龄的霍金，21 岁那年被医生诊断出罹患一种俗称"渐冻症"的罕见疾病，只剩下两年寿命。陷入极度绝望的霍金，原本想就此放弃，任由生命一天天凋零，但幸运如他，在当时女友同时也是后来的妻子的鼓励下，即使逐渐瘫痪到连说话都含糊不清，还是以"黑洞理论"在西方科普界掷下一颗震撼弹，并在 1989 年和 2009 年，分别获得英国女皇授予的英国爵士荣誉称号和美国前总统奥巴马颁发的自由勋章。

霍金在出席近期的那场科学讲座时，再次说明"黑洞理论"主张，当星球失去核子染料而掉进黑洞时，就会出现在另一个宇宙。因此他常借此鼓励失意者："假如有一天觉得自己掉进黑洞，千万不要放弃；总会有另一条路径引你出去。"巧的是，这也正是霍金个人的生命写照，因为他非但没有被罕见疾病击垮，还如幸运草成长般，被艰困的处境逼出惊人潜力，同时展现出令世人敬佩的不凡精神！

虽然听起来有点残忍，但也不得不承认，人的潜力确实需要透过环境的适时逼迫，才有办法像在收集滴鸡精那样，集结到真正的精华。尤其是，当我们开始改由"人格能量开发"的角度切入，重新评估现实中的某些逼迫时，将会发现到的一个真相就是：很多事情不能单以好运或坏运来解释。

即使表面上看来不怎么好的一件事，背后仍有深刻的布局意义，关键是，你要看懂老天爷在出哪招。而想理解老天爷的招数之前，必须先意识到他这样做的主要目的之一，其实是要激发个人的多元人格潜力。

每一种人格本身，都孕育着一股相关能量，一旦被有效地开发运用，并辅以建设性的管理和疏通方式，就会从"潜力"转换成实际的"能力"，进而胜任更多生命中的角色任务。比方说，当你身为团体领导者时，细心体贴的人格特质，可以让你发挥同理心的能力，赢得团员们的向心力；身为员工时，勇敢特质带出的危机解决能力，让你得以扭转局面，赢得上司的肯定。

曾经在一本灵性书籍中看到，作者用"一支球队"来形容内在人格组成，但回归个人的操作经验，我倾向于用"公司董事会"的概念来比喻。

先来玩一个想象力的游戏。试着把人生对比成一家正在成长中的企业，虽然每一位董事会成员都希望公司可以蓬勃发展，大家一起坐享其成，但依据个人特质不同，董事会成员们看事情的观点和做事的态度肯定有所差异。

想在异中求同，需着重在彼此间的沟通交流，也就是透过开董事会的方式，让每个人充分表达自身的立场和考虑，最后再慢慢寻求共识，做出对企业远景最有利的决策。

开发人格能量，化"潜力"为"能力"

在上述的比喻当中，董事会成员其实就等同内在人格群的组成。相信每个人都有过类似的经验，就是在面对一件事情时，人格群也常会出现正反不同意见，进而引发内在矛盾感受，弄得自己进也不是、退也不是。尤有甚者，还可能引爆严重的内在冲突，驱使个人采取毁灭性的行动，搞砸了运作中的一切。

那还不是最棘手的部分。在个人进行自我探索的过程当中，执行困难的地方并非召开董事会，而是辨识出内在董事会成员有哪些，其各自的特质又是什么。因此才说需要老

天爷的帮忙,借由他所兴起的环境,人们才有机会在各种境遇的激发下,体验到不同人格的主导力量。

我自己感受到的一个最明显的差异是,养猫之前,我是个喜欢到处旅行的人,养猫之后,不仅旅行的次数变少了,天数也大幅缩减,只因舍不得放猫儿子"爱酱"在家。这样的改变源自于在养育"爱酱"的过程中,内在那股渴望安定的人格特质被激发,开始对它产生依恋,所以愿意牺牲一部分的自由。这段关于爱和付出的学习旅程,让我受益良多,因而将相关内容收录在个人著作《一只猫的生活意见》中,与读者朋友们共勉。

开发人格能量的方式很多元,但最重要的是生命经验的开拓。在《多重人格的天赋力量》一书中,被喻为日本潜能开发大师的作者,曾将"隐藏人格"进一步细分为表层人格、深层人格、压抑人格,并教导读者各自的开发技巧。

表层人格指的是,那些已经在生活中展现出来的不同面向,只要透过有意识的活用,就可以充分开发;深层人格则是指尚未显现的人格,必须借由置身在某些情境的方式,才能被诱发;压抑人格,顾名思义就是不被允许展现的那些人格特质,需要做的努力是自我接纳,并适时予以建设性的疏通。

　　每一个人格都是一个关键的生命参数，左右着接下来的人生走向。我们不是神，无法预料用什么人格做出什么决定，才算是最好的选择，但也正因为如此我们更需要尝试放手，go with the flow（顺势而为），并且相信每一件事情的发生，永远有命运的美意存在，纵使当下未必能明白。

　　一旦懂得以正向乐观的态度，响应老天爷丢出来的变化球，并且成功通过一次次的内在操练之后，将会帮助你越活越贴近内在真实。到时候，你便能深刻领略到，何谓"做自己"的那份存在喜悦了！

图书在版编目(CIP)数据

最高级的能力，就是做自己/ 魏棻卿著.—杭州：
浙江大学出版社，2018.2
ISBN 978-7-308-17736-8

Ⅰ.①最… Ⅱ.①魏… Ⅲ.①人生哲学—通俗读物
Ⅳ.①B821-49

中国版本图书馆 CIP 数据核字（2017）第 319649 号

浙江省版权局著作合同登记图字：11-2017-364 号

原著：《做自己的勇气：35 岁之前，一定要成为的 5 种自己》
作者：魏棻卿
中文简体字版ⓒ 2018 年由浙江大学出版社发行
本书由厦门凌零图书策划有限公司代理，经十字星球文创社授权，同意经
由浙江大学出版社，出版中文简体字版本。非经书面同意，不得以任何形
式任意复制、转载。

最高级的能力，就是做自己

魏棻卿　著

责任编辑	卢　川	
责任校对	杨利军　孙　鹏	
封面设计	仙　境	
出版发行	浙江大学出版社	
	（杭州市天目山路 148 号　邮政编码 310007）	
	（网址：http://www.zjupress.com）	
排　版	杭州林智广告有限公司	
印　刷	杭州钱江彩色印务有限公司	
开　本	880mm×1230mm　1/32	
印　张	5	
字　数	76 千	
版印次	2018 年 2 月第 1 版　2018 年 2 月第 1 次印刷	
书　号	ISBN 978-7-308-17736-8	
定　价	30.00 元	